全国高等职业教育"十三五"规划教材

CorclDRAW 2017 平面设计案例教程

主　编　高　平　曾小兰

副主编　钟群星　黄文静

参　编　庞小茵　颜品雅　张紫薇　等

主　审　吕可欣　陈诗婷

机 械 工 业 出 版 社

本书将 CorelDRAW 的软件技术、设计行业知识和专业理论融合于案例中，以 CorelDRAW 在不同领域的应用来划分内容，涉及商标设计、卡片设计、杂志广告设计、招贴设计、视觉识别设计等。全书共 9 章，第 1 章为认识 CorelDRAW 2017；第 2 章为 CorelDRAW 2017 商标设计；第 3 章为 CorelDRAW 2017 卡片设计；第 4 章为 CorelDRAW 2017 杂志广告设计；第 5 章为 CorelDRAW 2017 版式设计；第 6 章为 CorelDRAW 2017 包装设计；第 7 章为 CorelDRAW 2017 招贴（海报）设计；第 8 章为 CorelDRAW 2017 宣传册设计；第 9 章为 CorelDRAW 2017 综合应用。在内容安排上，软件操作技术和商业案例及行业知识结合进行讲解，案例实用性强，稍加修改便可应用于相应的设计领域。

本书适合作为高等职业院校艺术类专业、计算机类专业的教材，也可以作为各类培训机构的教材；同时适合平面设计、广告设计、电脑美术设计、插画设计人员阅读。

本书设计了 7 个设计主题，17 个设计实例及 4 个综合应用实例，提供了实例对应的素材、源文件和实例效果，还配有对应的微课视频作为本书内容的补充，需要的教师可登录 www.cmpedu.com 免费注册、审核通过后下载，或联系编辑索取（QQ：1239258369，电话：010-88379739）。

图书在版编目（CIP）数据

CorelDRAW 2017 平面设计案例教程/高平，曾小兰主编 . —北京：机械工业出版社，2018. 12

全国高等职业教育"十三五"规划教材

ISBN 978-7-111-63298-6

Ⅰ. ①C… Ⅱ. ①高… ②曾… Ⅲ. ①平面设计-图形软件-高等职业教育-教材 Ⅳ. ①TP391. 412

中国版本图书馆 CIP 数据核字（2019）第 154800 号

机械工业出版社（北京市百万庄大街 22 号　邮政编码 100037）

策划编辑：王海霞　　责任编辑：王海霞
责任校对：张艳霞　　责任印制：郜　敏

北京富生印刷厂印刷

2019 年 9 月第 1 版 · 第 1 次印刷
184mm×260mm · 18. 25 印张 · 451 千字
0001-2500 册
标准书号：ISBN 978-7-111-63298-6
定价：55. 00 元

电话服务　　　　　　　　　网络服务
客服电话：010-88361066　　机　工　官　网：www.cmpbook.com
　　　　　010-88379833　　机　工　官　博：weibo.com/cmp1952
　　　　　010-68326294　　金　书　网：www.golden-book.com
封底无防伪标均为盗版　　机工教育服务网：www.cmpedu.com

前　　言

　　CorelDRAW 是由加拿大 Corel 公司开发的矢量图形处理软件，是非常具有创意的图形设计程序，是设计行业首选的专业工具之一。由于具有非凡的设计能力，CorelDRAW 广泛应用于平面设计、插画设计、服装设计等众多领域，也是国内外人中专院校艺术设计类专业必开的课程之一。面对专业的图形设计软件，初学者如何在学习相关的技术功能同时，又能提升自己的设计素养呢？事实证明，基础知识与案例结合的训练可以达到既学习软件操作，又掌握设计规则的效果。

　　本书将 CorelDRAW 的软件技术、设计行业知识和专业理论融合于案例中，以 CorelDRAW 在不同领域的应用来划分内容，涉及商标设计、卡片设计、杂志广告设计、招贴设计、视觉识别（VI）设计等。全书共 9 章，第 1 章为认识 CorelDRAW 2017；第 2 章为 CorelDRAW 2017 商标设计；第 3 章为 CorelDRAW 2017 卡片设计；第 4 章为 CorelDRAW 2017 杂志广告设计；第 5 章为 CorelDRAW 2017 版式设计；第 6 章为 CorelDRAW 2017 包装设计；第 7 章为 CorelDRAW 2017 招贴（海报）设计；第 8 章为 CorelDRAW 2017 宣传册设计；第 9 章为 CorelDRAW 2017 综合应用。

　　针对软件技术学习的方法及平面设计行业的要求，本书在编写时充分考虑了以下几点。

　　1）注重软件技术与专业知识的紧密结合，力求达到既学习软件又掌握设计技巧的学习效果。每一章都以软件技术作为基础知识开始，结合每一个案例进行专业知识讲解，分析设计中的重点和应该避免的问题，提供图文结合的案例，使读者学习更加轻松、易懂且实用。

　　2）注重教与学、学与做的结合。本书案例步骤详细清晰、语言通俗易懂，可操作性强。读者可以根据学习进度一步一步练习，巩固所学知识。

　　3）本书内容丰富、详细。涉及 CorelDRAW 2017 的各个应用领域，注重教学与设计市场的结合。

　　4）技术与艺术的结合。每一个案例前都有专业小知识和技术分析、制作步骤图，使读者对案例有一个整体的了解。通过商业案例、艺术插画等实用性艺术来达到技术与艺术的完美结合。

　　感谢您选择了本书，希望笔者的努力对您的学习和工作有所帮助。本书由高平、曾小兰主编，参与编写工作的还有黄娟、黄文静、邵杏颜、徐健勋、庞小茵、张紫微、钟群星、颜品雅、刘静怡。本书由吕可欣、陈诗婷主审。由于编者水平有限，加之时间仓促，书中难免有错漏之处，恳请读者朋友批评指正。

编者

目　　录

第1章　认识 CorelDRAW 2017

1.1　CorelDRAW 2017 概述

1.1.1　强大的多功能图形设计软件

1. 软件介绍

CorelDRAW 2017 是一款非常优秀的多功能图形图像设计软件，无论是刚刚接触图形设计的用户，还是拥有丰富经验的资深设计师，CorelDRAW 2017 都是值得信赖的图形设计软件。通过用户的创意，结合丰富的内容和专业的图形设计功能、照片编辑功能、网站设计功能等，相信大家也能随心所欲地表达自己的思想、风格以及创意。你想自信地创作吗？从引人注目的微标设计定义到个人网站、广告标牌设计、设计个性车身贴、传单等都可以用 CorelDRAW 完成。CorelDRAW 2017 软件包装如图 1-1 所示。初学者可以通过 http://www.corel.com 官方网站下载试用版。

图 1-1　CorelDRAW 包装图

2. 设置简单，轻松上手

CorelDRAW 的内置学习工具可以丰富用户的设计，让用户能够快速入门并自信地设计。宝贵的视频教程和提示、专家见解能够启发用户的灵感。

3. 轻松创建布局

借助超过 1000 种顶级字体、1000 张专业高分辨率数码照片、10000 张通用剪贴画以及 350 个专业模板，用户可以轻松赋予项目高质量的外观。通过 Corel CONNECT 组织设计资产，该内容查找器可在用户的计算机、本地网络和网站上即时地找到内容。

4. 让设计尽显风格与创意

借助一整套绘图、位图到矢量描摹、照片编辑和 Web 图形的工具，用户可以为打印和 Web 创作美观的设计，可以通过属性泊坞窗和各种便捷功能（如"样式集"和"颜色和谐"）轻松管理样式和颜色。

5. 更快速、高效地创作

通过一个完整图形设计套件中的所有强大应用程序，节省时间和资金。此外，可以尽享多核处理和本机 64 位支持的速度，让用户能够快速处理大型文件和图像。CorelDRAW 产品图标如图 1-2 所示。

图 1-2 产品图标

1.1.2 技术规格

1）最低操作系统要求：装有最新服务包和重要更新的操作系统，如 Windows 10、Windows 8.1 或 Windows 7（32 位或 64 位版本），Internet Explorer 11。

2）处理器要求：Intel Corel I3 或 AMD Athlon 64。

3）内存要求：2 GB RAM。

4）硬盘空间要求：1 GB 硬盘空间（适用于典型安装，安装期间可能需要额外的磁盘空间）。

5）外设要求：鼠标或写字板。

6）显示要求：1280×720 像素的屏幕分辨率。

7）其他：DVD 驱动器、Microsoft Internet Explorer 11 或更高版本。

1.2 安装与卸载 CorelDRAW 2017

俗话说，工欲善其事，必先利其器。对于软件的学习也是一样。首先要学习软件的安装。

1.2.1 安装 CorelDRAW 2017

1）打开 CorelDRAW 2017 程序，弹出"安装程序先决条件"界面，单击"继续"按钮，进行下一步的安装，如图 1-3 所示。

图 1-3　安装程序先决条件

2）单击"继续"按钮后弹出图 1-4 所示对话框，然后单击"Cancel"按钮，进行"Microsoft .NET 2015"的安装，如图 1-5 所示。

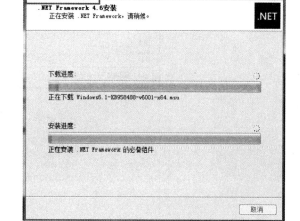

图 1-4　正在安装　　　　　　　　　　　图 1-5　.NET 安装

3）加载完成后，进入"正在初始化安装程序"界面，如图 1-6 所示。然后弹出安装要求，在计算机系统符合要求的情况下，忽略建议的最低系统安装要求，单击"继续"按钮，如图 1-7 所示。

图 1-6　初始化　　　　　　　　　　　　　　图 1-7　最低系统要求

4）单击"继续"按钮后，安装程序显示"请查阅许可协议和服务条款"界面。认真阅读后勾选"我同意最终用户许可协议和服务条款。"复选框，然后单击"接受"按钮，如图 1-8 所示。

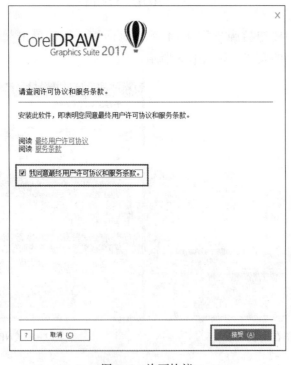

图 1-8　许可协议

5）单击"接受"按钮后，CorelDRAW 2017 会进入安装状态，等待时长与安装计算机的配置有关。在此过程中安装程序提供了使用 CorelDRAW 设计制作的优秀作品供用户欣赏学习，如图 1-9 所示。

图 1-9　作品欣赏

6）安装后，安装程序显示"让我们了解您"。勾选"我已有一个账户"，输入账户、密码，单击"继续"按钮，如图 1-10 所示。

7）单击"继续"按钮后安装程序显示"您已登录，且您的产品已经过认证"。单击"继续"按钮，如图 1-11 所示。

图 1-10　建立账户

图 1-11　认证

8）单击"继续"按钮后，安装程序显示"已有序列号?"界面。输入序列号，勾选"我已有一个账户"，输入账号、密码，单击"认证"按钮，如图 1-12 所示。

9）单击"认证"后单击"完成"按钮，完成 CorelDRAW 2017 的所有安装，如图 1-13 所示。

图 1-12　序列号

图 1-13　安装完成

注：为保护版权，本书将序列号模糊处理。

1.2.2　卸载 CorelDRAW 2017

相比安装，程序的卸载就简单多了。步骤如下：

1）执行"开始" ／ "所有程序" ／ "控制面板" 菜单命令，如图 1-14 所示。

图 1-14　控制面板

2）单击"控制面板"后选择所需要卸载文件，如图 1-15 所示。

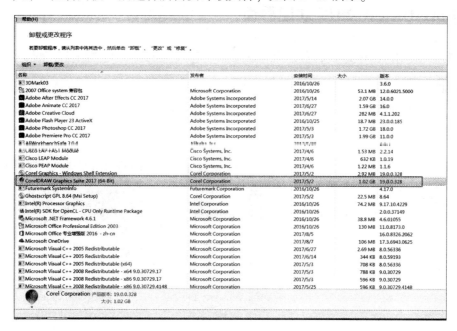

图 1-15　卸载

3）选择要卸载的文件后，弹出图 1-16 所示面板，选择"从计算机中删除"后单击"删除"按钮，完成 CorelDRAW 2017 的卸载。

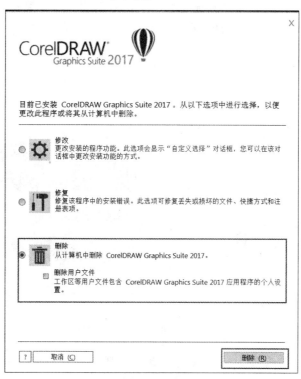

图 1-16　删除

1.3 CorelDRAW 2017 欢迎界面

1）打开 CorelDRAW 2017，首先看到的是欢迎界面，如图 1-17 所示。

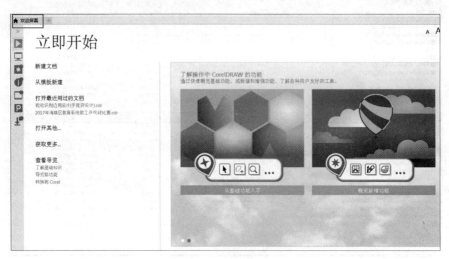

图 1-17　欢迎界面

2）单击"立即开始"选项卡，"立即开始"界面如图 1-18 所示。A：启动时始终显示的是欢迎界面，包括立即开始、工作区、新增功能、学习、灵感、产品详细信息和获取更多等功能。B：立即开始包括新建文档、从模板新建、打开最近打开过的文档、打开其他、获取更多和查看导览等功能。C：了解 CorelDRAW 的功能包括从基础功能入手和概览新增功能。

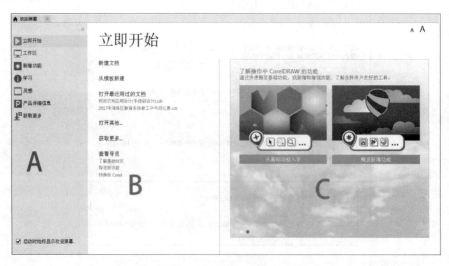

图 1-18　立即开始

3）单击"工作区"选项卡，可以提供更加直观的工具和控件放置方式，如图 1-19 所示。

图 1-19 工作区

4）单击"新增功能"选项卡，可以查询新版本的新功能，通过方便使用的交互入门导览，了解产品功能和工具，如图 1-20 所示。

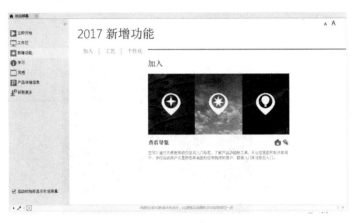

图 1-20 新增功能

5）单击"学习"选项卡，可以看到有"资源""见解与教程"等，初学者可以单击进行简单的学习，如图 1-21 所示。

图 1-21 学习资源

6) 单击"灵感"选项卡，可以欣赏更多的大师作品，如图1-22所示。

图1-22　灵感

7) 单击"产品详细信息"选型卡，可以看到更多产品详细信息，如图1-23所示。

图1-23　产品详细信息

8) 单击"获取更多"选项卡，可以从中下载应用程序、插件和拓展，扩充创作工具集。

1.4　CorelDRAW 2017 相关术语

1.4.1　矢量图与位图

计算机图像都是以数字方式进行记录的，所以数码图像就是一种数字化的信息。在设计行业，所接触的图像有两种类型：矢量图与位图。设计中，通常需要两种图像交互使用，将它们的优点结合，可以制作出精美的作品。

矢量图：矢量图是通过数学方式来进行记录图形内容，所以又称为向量图。图1-24所示就是一幅舞台设计效果的矢量图，它由对象组成，而每一个对象都是独立的色块。矢量图最大的优点是可以无限地放大而不影响图像的清晰度。

图1-24　矢量图

位图：位图是由成千上万不同颜色的像素点组成的，所以也叫像素图。图1-25所示就是一幅位图图像。它与矢量图不同，位图可以通过修改细节来制作出变化丰富的效果。由于位图是由像素点组成的，所以在位图放大时，会出现不清晰的现象，如图1-25中所示的锯齿状。

图1-25　位图

1.4.2　CorelDRAW 2017专有术语

对象：绘图中的元素，如图片、形状、轮廓、文本、图层、符号、笔触等。

绘图：指在CorelDRAW绘图区中设计制作作品。

泊坞窗：包含与某个任务相关的可用命令和设置窗口。

展开工具栏：包含一组相关工具或菜单项。

美术字：可以应用阴影等特殊效果的一种文本类型。

段落文本：可以应用格式编排选项并可以在大块文本中编辑的一种文本类型。

1.5　CorelDRAW 2017应用领域

CorelDRAW非凡的设计能力广泛地应用于平面设计、包装设计、户外广告设计、插图插画、图形界面设计、网页设计应用、服装设计、排版及分色输出等诸多领域。作为一个功能强大的绘图软件，从市场的普及程度可以看出，它是一款优秀的软件。

下面探讨一下 CorelDRAW 的常用领域。

1.5.1 平面设计

平面设计是将不同的基本图形，按照美学原理、平面构成、色彩构成、商业营销等规则在平面上组合、构成商业美术作品的。主要在二维空间范围之内以基本形状划分图与地之间的界限，组合描绘成平面作品。而平面设计中的三维立体效果，并非实际的三维空间，而仅仅是通过组合而对观众产生视觉的引导，从而产生三维的视觉空间。

CorelDRAW 在平面设计领域应用非常广泛，如图 1-26 所示的商标绘制、图 1-27 所示的书籍封面设计、图 1-28 所示的产品手册设计、图 1-29 所示的卡片设计等。

图 1-26　商标绘制

图 1-27　书籍封面设计

图 1-28　产品手册设计

图 1-29　卡片设计

1.5.2 包装设计

包装设计是品牌理念、产品特性、消费心理的综合反映，它直接影响到消费者的购买欲望。

在经济全球化的今天，包装与商品已融为一体。包装设计作为实现商品价值和使用价值的手段，在生产、流通、销售和消费领域中，发挥着极其重要的作用，是企业界、设计界不得不关注的重要课题。包装的功能是保护商品、传达商品信息、方便使用、方便运输、促进销售、提高产品附加值。包装设计作为一门综合性学科，具有商品和艺术相结合的双重性。

CorelDRAW 在包装设计行业，同样具有不俗的表现。它在包装设计中应用非常广泛，如图 1-30 所示的咖啡包装设计、图 1-31 所示的食品包装设计。

图 1-30　咖啡包装设计　　　　　　　　图 1-31　食品包装设计

1.5.3　户外广告设计

户外广告一般指的是设置在户外的广告，常见的有路牌广告、灯箱广告、招牌广告等。CorelDRAW 2017 在户外广告设计行业同样具有广泛的应用，如图 1-32、1-33 所示。

图 1-32　户外广告设计（一）　　　　　　图 1-33　户外广告设计（二）

1.5.4　图形界面设计

图形界面设计通常指的是人机交互图形化设计。这是一门新兴的学科，结合了现代科技、美学原理、心理学、行为学及商业因素，强调的是人机融为一体的总体设计。下面欣赏一下用 CorelDRAW 2017 设计制作的图形界面作品，如图 1-34、图 1-35 所示。

图 1-34　CorelDRAW 图标设计　　　　　　图 1-35　MP3 播放器界面设计

1.5.5　网页设计

　　网页设计作为一种视觉语言，特别讲究编排和布局。虽然主页的设计不等同于平面设计，但它们有许多相近之处。正因为如此，CorelDRAW 2017 在网页界面排版上，也有不俗的表现，被广大的网页设计人员作为版式设计的首选软件之一，如图 1-36 所示。

图 1-36　极速汽车网首页排版

1.5.6　服饰设计

　　服饰设计，顾名思义就是对服装、鞋、帽、提包等服饰产品进行款式上的设计。而设计表达是设计师与客户沟通的手段。很多设计师都借助计算机实行辅助设计，而 CorelDRAW 在服饰设计上就有卓越的表现，如图 1-37、图 1-38 所示。

图1-37 靴子设计效果绘制

图1-38 衣服效果绘制

1.5.7 插画设计

插画设计与一般意义上的平面设计有一定的区别。两者的功能、表现形式、传播媒介都有差异。传统来看，插画属于平面设计的范畴。现代插画从平面设计中分离出来，但仍然是为平面设计服务的。不同之处就是插画更具艺术价值，更能让人们得到感性的认识及美的享受。

因为CorelDRAW在矢量绘画方面具有卓越的功能，因此它在插画创作中应用非常广泛，如图1-39所示。

图1-39 卡通插画设计

综上所述，无论您的理想是成为平面设计师、图形界面设计师、插画师、网页设计师，还是成为服装设计师、广告业从业人员，CorelDRAW 2017都是您理想的选择。

1.6 CorelDRAW 2017 工作界面和自定义工作区

1.6.1 CorelDRAW 2017 的工作界面

CorelDRAW 2017的工作界面如图1-40所示。

显示和隐藏网格

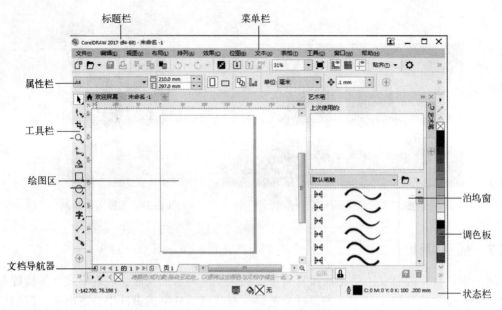

图 1-40 CorelDRAW 2017 的工作界面

标题栏：包括文档的路径、名称。

菜单栏：包含所有的下拉菜单选项区域。

属性栏：活动工具或对象相关命令，选择不同的对象或工具，属性栏会随之变化。如选择文本工具，显示文本的字号、字体等相关属性。

工具栏：设计中带有创建、修改、填充对象的工具浮动栏。

绘图区：设计作品的区域。

文档导航器：应用程序窗口右下角区域，包含用于显示、切换、创建页面的控件。

泊坞窗：包括工具及任务相关的可用命令和设置窗口。

调色板：包括色样的泊坞窗。

状态栏：应用程序窗口底部的一个区域，包括类型、大小、色彩、填充、轮廓等，选择不同的对象及工具，将显示不同的状态。

1.6.2 自定义 CorelDRAW 2017

CorelDRAW 2017 提供了丰富的自定义选项，包括显示、窗口等，用户可根据自己的习惯进行设置。如何进行自定义？接下来一起来学习。

执行"工具"/"选项"菜单命令，便可打开选项对话框。在此对话框中可以分别自定义命令栏、命令、调色板、应用程序，如图 1-41 所示。

1.6.3 自定义工作区

自定义工作区更为简单，只需在工作区中，将原位置的面板、工具等用鼠标左键拖动到用户习惯的地方。首先要确定工作区解锁，在绘图区以外的任何地方单击右键，都会弹出图 1-42 所示的快捷菜单，取消勾选"锁定工具栏"命令即可。

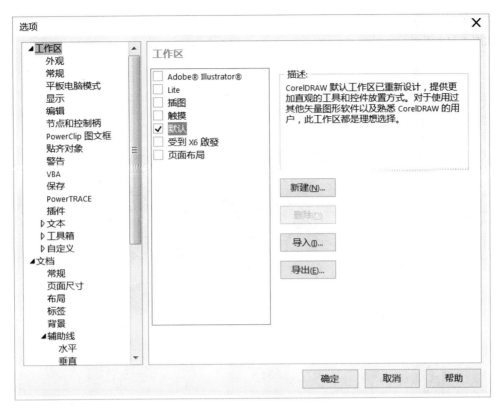

图 1-41　选项窗口

图 1-42　解锁工具栏

如图 1-43 所示，使用鼠标左键将工具栏拖动到菜单栏下面，工具栏将会移到菜单栏下方，如图 1-44 所示。

图 1- 43　拖动工具栏

图 1-44　工具栏移到菜单栏下方

第 2 章　CorelDRAW 2017 商标设计

水晶苹果

2.1　认识商标设计

2.1.1　商标的概念

　　商标是指在生产经营者所生产、制造、加工或者销售的商品或者提供的服务上所采用的显著标志。具有区别于其他同类商品或者同类服务的一种标识。通常是由文字、图形或者二者相互组合而成的，经过相关部门注册而成的"注册商标"，凡是注册过的商标，均受法律保护，注册人享有专用权利，如图 2-1 所示为可口可乐商标。

图 2-1　商标

　　各种商品都有其独特的商标。一般来说，常见的商标具有以下特征：①商标具有价值性；②商标具有独特性；③商标具有识别性；④商标具有竞争性。

2.1.2　图形商标

　　所谓图形商标是指仅用各种图形构成的商标。

　　这种商标具有较强特色，可采用各种几何图形以及动物、植物等图形构成。图形商标的特点是比较直观，艺术性强，并富有感染力。它不受语言的限制，不论哪国人讲何种语言，一般都可以看懂，有的一看即可呼出名称，有的即使不能直呼名称，也可以给人留下较深的印象，如图 2-2 所示。按照形状划分，可以分为"记号商标""几何图形商标""自然图形商标""中性商标"等。

图 2-2　图形商标

1）记号商标：记号商标属于图形商标的一种，是指用某种简单符号构成图案的商标。记号商标的特点是标志性较强的，如著名的"耐克"商标。

2）几何图形商标：几何图形商标是以较抽象的图形构成的商标，与记号商标类似。如著名商标"五菱汽车"就是由五个菱形构成的。

3）自然图形商标：所谓自然图形商标，是以人物、动植物、自然风景等自然的物象为对象所构成的图形商标。有的以实物照片，有的则经过加工提炼、概括与夸张等手法进行处理的自然图形所构成的商标。比如"红蜻蜓""鳄鱼""苹果"等。

4）中性商标：中性商标是指无含义的商标。这种商标虽然无含义，但不易与他人的商标混同，比较容易获准注册。目前许多企业采用这种商标。

2.1.3 文字商标

以文字为主要元素所构成的商标称为文字商标。文字商标目前在世界各国使用比较普遍。文字商标具有简明、便于称呼、具有特殊含义等特点。可以使商品购买者产生亲近之感。如"好日子"牌香烟，会给人一种过好日子的兆头；"海鸥""梅鹿"等商标，在日用品和服装等商品上使用，会给人一种轻松自如、欢畅之感，如图2-3所示即为文字商标。

图2-3 文字商标

文字商标还有使用人名或企业名称的。这种商标能使人对商标的所有人加深印象，从而树立企业形象。如"张小泉"剪刀，是张小泉剪刀厂生产的；"沈汽发"汽车发动机，是沈阳汽车发动机厂生产的；"盛锡福"帽子，是盛锡福店经营的。

还有以数字作商标的。如"555""414""999"等，这种商标虽然不一定表示什么意思，但其特点是不落俗套，别具一格，同样可以收到较好的效果。

但是，文字商标也有其不足之处，就是受着民族、地域的限制。比如汉字商标在国外就不便于识别。同样，外文商标在我国也不便于识别。还有少数民族文字，也受着一定地域所限；因此，在使用民族文字时，一般需要加其他文字说明，以便识别。

2.1.4 图文结合类商标

图文商标是指由图形和文字相结合构成的商标，也称复合商标。如带马的商标图形加上文字后，有的叫"军马"，有的叫"飞马"，也有的叫"奔马"等，即便识别与称呼，同时又使其内容更加深化，也就更具有感染力。图2-4就是一个图文结合类商标。

图2-4 图文结合类商标

2.2 CorelDRAW 2017 商标绘制技术详解

2.2.1 绘图工具的使用

进入 CorelDRAW 进行商标绘制前,首先要掌握好常用的绘图工具。本节详细解析贝塞尔工具、矩形工具、椭圆工具、对象工具的作用以及用法。

1. 贝塞尔工具的使用

1)打开 CorelDRAW 软件,按〈Ctrl+N〉组合键创建一个空白文档,然后在工具栏中选择 (贝塞尔工具),如图 2-5 所示。

2)在绘图区单击绘制节点,如图 2-6A 所示。松开鼠标再绘制第二个节点,绘制出直线,如图 2-6B 所示。此时按住鼠标左键拖动鼠标,控制曲线方向,绘制出弧形,松开鼠标左键。如图 2-6C 所示。虚线为弧形形状控制柄,以节点为中心。与已绘制弧形同方向的控制柄,起控制已绘制弧形的方向与形状的作用。与已绘制弧形反方向的控制柄,起控制未绘制弧形的方向与形状的作用。继续绘制节点可绘制出弧形,如图 2-6D 所示。

图 2-5　贝塞尔工具

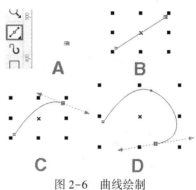

图 2-6　曲线绘制

3)在上一步的基础上,双击节点,可删除反方向控制柄,如图 2-7A 所示。再单击绘制节点可绘制出直线,如图 2-7B 所示。或按住鼠标左键进行拖动,绘制出转折弧形,如图 2-7C 所示。

4)在工具栏中选择 (形状工具,快捷键为〈F10〉),如图 2-8 所示。此时可调整形状的弧度以及节点位置,如图 2-9 所示。

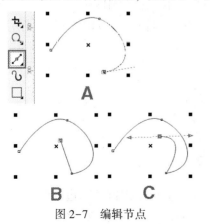

图 2-7　编辑节点

图 2-8　选择形状工具

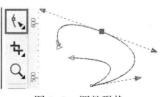

图 2-9　调整形状

5）未封闭对象无法进行填色，绘制最后一个节点时将鼠标移到第一个节点上，鼠标右下角将出现一个打折的箭头，单击鼠标左键可绘制出封闭式对象。未封闭对象依然可进行轮廓填充，在工具栏中选择 （快捷键〈F12〉），如图 2-10 所示。更改轮廓属性，如图 2-11 所示。

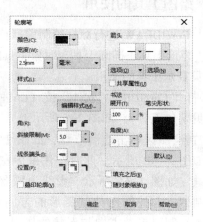

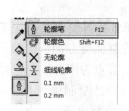

图 2-10　轮廓笔工具　　　　　　　　　　图 2-11　轮廓笔属性

6）选择工具栏中的 （选择工具），如图 2-12 所示。选中对象，右击调色板中的蓝色，填充轮廓颜色，如图 2-13 所示。在属性栏中选择轮廓线粗细及线条样式。

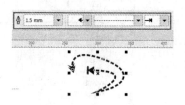

图 2-12　选择工具　　　　　　　　　　图 2-13　轮廓样式

2. 矩形工具的使用

1）在工具栏中选择 □（矩形工具），在绘图区按住鼠标左键并拖动以绘制矩形。按住〈Ctrl〉键，拖动鼠标左键拖动可绘制正方形，如图 2-14 所示。

2）在工具栏中选择 □（三点矩形工具），如图 2-15A 所示，在绘图区按住鼠标左键不放进行拖动，松开鼠标可创建矩形的基线，移动鼠标，单击可绘制矩形，如图 2-15B 所示。

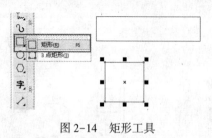

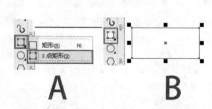

图 2-14　矩形工具　　　　　　　　　　图 2-15　三点矩形工具

3）选择工具栏中的 （选择工具）选择矩形对象，按住鼠标左键拖动框边上的控制点可对矩形高度或宽度进行缩放调整。也可在属性栏调整大小及位置，如图 2-16A 所示。拖

22

动框角上的控制点可等比例缩放，如图 2-16B 所示。拖动的同时按住〈Shift〉进行同心缩放，如图 2-16C 所示（实线是被修改轮廓，虚线是待定轮廓）。

4）选择工具栏中的 ▶（选择工具）选择矩形对象，将出现一个缩放控制框，此时可对对象进行缩放和移动，再次单击对象，缩放控制框将变成旋转控制框，如图 2-17A 所示。此时可对对象进行旋转及移动，如图 2-17B 所示。

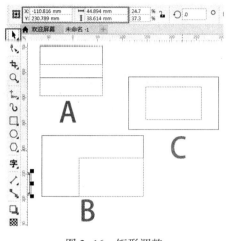

图 2-16　矩形调整

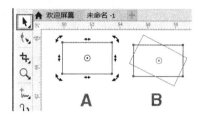

图 2-17　旋转矩形

5）选择工具栏中的 ▶.（形状工具），结合属性栏改变矩形角的形状，可调整为圆角、扇形角和倒棱角，如图 2-18A 所示。按住鼠标左键拖动控制点可调整所有角的形状，按住〈Ctrl〉键的同时按住鼠标左键拖动控制点则只调整一个角的形状，如图 2-18B 所示。

3. 椭圆形工具的使用

1）在工具栏中选择 ○,（椭圆形工具，快捷键为〈F7〉），在绘图区中按住鼠标左键拖动绘制椭圆形。按住〈Ctrl〉键，按住鼠标左键拖动则可绘制正圆形，如图 2-19 所示。

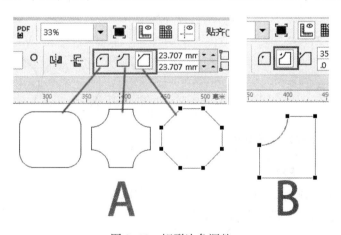

图 2-18　矩形边角调整

2）在工具栏中选择 ◌（三点椭圆形工具），在绘图区中按住鼠标左键拖动，松开鼠标可创建椭圆形的基线，如图 2-20A 所示。移动鼠标，单击可绘制椭圆形，如图 2-20B 所示。

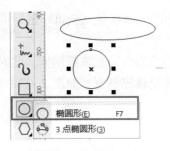

图 2-19　椭圆工具

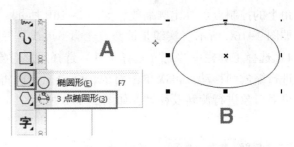

图 2-20　三点椭圆工具

3) 选择工具栏中的 ▣ （选择工具）选择椭圆对象，拖动缩放框边上的控制点可对椭圆形高度和宽度进行缩放调整。也可在属性栏中通过输入参数调整大小及位置，如图 2-21A 所示。拖动缩放框角上的点进行等比例缩放，如图 2-21B 所示。拖动的同时按住〈Shift〉键进行同心缩放，如图 2-121C 所示。

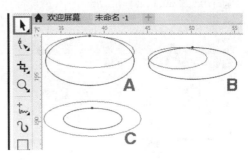

图 2-21　椭圆编辑

4) 使用工具栏中的 ▣ （选择工具），单击对象，将出现一个缩放控制框，此时可对对象进行缩放和移动，再次单击对象，缩放控制框将变成旋转控制框，如图 2-22A 所示。此时可对对象进行旋转及移动，如图 2-22B 所示。

5) 选择工具栏中的 ▣ （形状工具），结合属性栏改变圆形的形状，可调整为饼图或弧形。也可直接拖动控制点进行调整，向圆中心拖动为绘制饼图，向圆外拖动为绘制弧形，如图 2-23 所示。

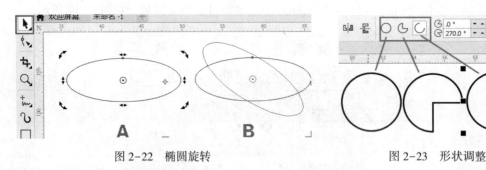

图 2-22　椭圆旋转　　　　　　　　　　　图 2-23　形状调整

4. 对象图形工具的使用

1) 在工具栏中选择 ▣ （多边形工具），在绘图区按住鼠标左键拖动可绘制多边形。按住〈Ctrl〉键，按住鼠标左键拖动可绘制正多边形。在属性栏中可更改多边形的边数量，如图 2-24 所示。

2) 在工具栏中选择 ☆ （星形），在绘图区按鼠标左键拖动绘制星形。按住〈Ctrl〉键，按住鼠标左键拖动可绘制正星形。在属性栏中可更改星形的角数量及大小，如图 2-25 所示。

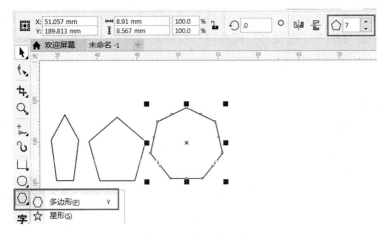

刻刀工具

图 2-24　多边形工具

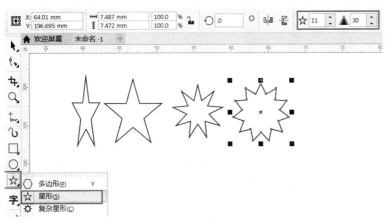

印章工具

图 2-25　星形工具

3）在工具栏中选择 ✿ （复杂星形），在绘图区按住鼠标左键拖动绘制复杂星形。按住〈Ctrl〉键，按住鼠标左键拖动可绘制正复杂星形。在属性栏中可更改星形的角数量，如图 2-26 所示。

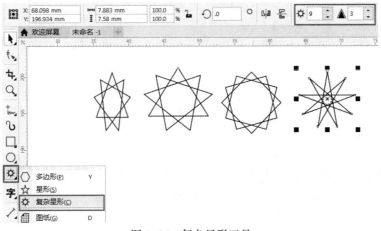

图 2-26　复杂星形工具

4）在工具栏中选择 （螺纹工具），在绘图区按住鼠标左键拖动绘制螺纹形。按住〈Ctrl〉键，按住鼠标左键拖动可绘制正螺纹形。可在属性栏中更改螺纹的圈数及每圈间距，如图 2-27 所示。

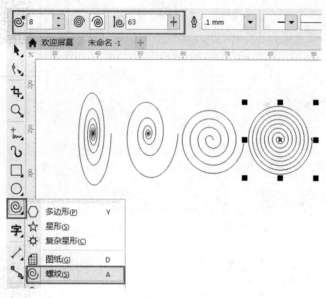

螺纹工具

图 2-27　螺纹工具

5）在工具栏中选择 （图纸工具），在绘图区按住鼠标左键拖动绘制图纸。按住〈Ctrl〉键，按住鼠标左键拖动可绘制正图纸。可在属性栏中更改列数和行数，如图 2-28 所示。

6）使用工具栏中的 （选择工具），单击对象，按住鼠标左键拖动缩放框边上的控制点可调整对象图形的高度和宽度。按住鼠标左键拖动缩放框角上的控制点可进行等比例缩放。拖拽的同时按住〈Shift〉键进行同心缩放，也可在属性栏调整大小。

7）使用工具栏中的 （选择工具），单击对象，将出现一个缩放控制框，此时可对对象进行缩放和移动，再次单击对象，缩放控制框将变成旋转控制框，此时可将对象进行旋转及移动。

8）选择工具栏中的 （形状工具），直接按住鼠标左键拖动控制点可调整改变对象图形的形状。

5. 自定义形状的使用

1）分别使用工具栏中的 （基本形状）、 （箭头形状）、 （流程图形状）、 （标题形状）和 （标注形状）。

2）在绘图区按住鼠标左键拖动绘制定义图形。按住〈Ctrl〉键，按住鼠标左键拖动可绘制正自定义图形。在属性栏中选择"完美样式"可选择其他形状，单击轮廓笔下拉箭头，可更改轮廓宽度，如图 2-29 所示。

艺术笔工具

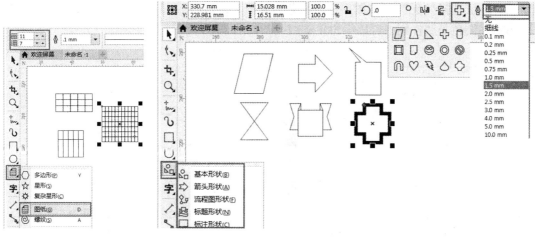

图 2-28　图纸工具　　　　　　　　　　图 2-29　自定义形状工具

2.2.2　图形的填充与编辑

1. 图形填充

1）选择工具栏中的 ◯（椭圆形工具，快捷键为〈F7〉），绘制出一个椭圆，如图 2-30 所示。

2）在调色板中选择青色（R:0，G:255，B:255），单击鼠标左键进行颜色填充，如图 2-31 所示；在调色板中选择蓝色（R:0，G:0，B:255），单击鼠标右键进行描边，如图 2-32 所示。

网状填充
工具

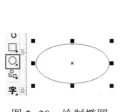

图 2-30　绘制椭圆

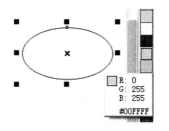

图 2-31　填充颜色

颜色滴管
工具

3）在调色板中用鼠标右键选择 ✕ "无"可去除描边，如图 2-33 所示。

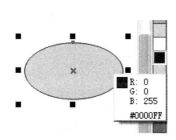

图 2-32　描边颜色

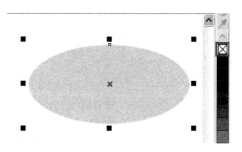

图 2-33　去除描边颜色

4）左键选择"无"可将图形进行去色，如图 2-34 所示。

5）在调色板属性栏中可以编辑轮廓粗细，如图 2-35 所示。

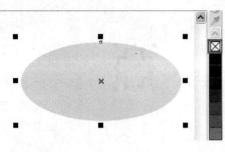

图 2-34　去除填充颜色

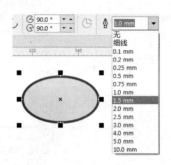

图 2-35　编辑轮廓粗细

2. 图形编辑

1）绘制图形的过程中，基于图形调整的需求，将对象转换为曲线形状才能进行调整。选择工具栏中的 （椭圆工具，快捷键为〈F7〉）绘制出椭圆，如图 2-36 所示。

2）右键单击椭圆，在弹出菜单中选择"转换为曲线"命令（组合键为〈Ctrl+Q〉），将对象转换为曲线，如图 2-37 所示。

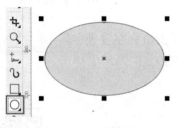

图 2-36　绘制椭圆

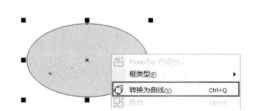

图 2-37　转换曲线

3）选择工具栏中的 （形状工具，快捷键为〈F10〉），单击节点，将出现四段虚线（弧形形状控制柄），分别控制节点左右两段弧线的形状，如图 2-38 所示。

4）单击控制柄上的三角形，以节点为中心摇动控制板，改变对象形状，如图 2-39 所示。

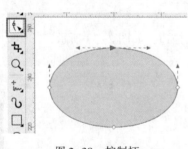

图 2-38　控制柄

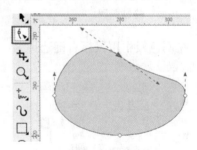

图 2-39　改变形状

5）在轮廓上双击鼠标左键可添加节点，在节点上双击鼠标左键可删除节点，如图 2-40 所示；也可单击鼠标右键进行添加或删除节点，如图 2-41 所示。

28

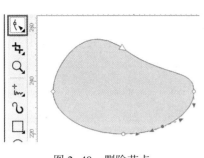

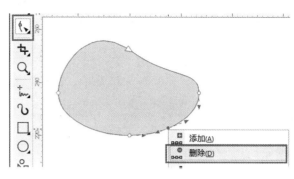

图 2-40　删除节点　　　　　　　　　　　　　图 2-41　添加或删除节点

6）在形状工具属性栏里面也可对节点进行编辑，如图 2-42 所示。

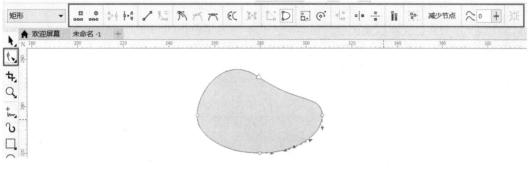

图 2-42　属性栏

2.2.3　文本工具的使用详解

文本工具

1）选择工具栏中的 字 （文本工具，快捷键为〈F8〉），单击绘图区可直接输入文字，如图 2-43 所示；可按〈Enter〉键进行换行，如图 2-44 所示。

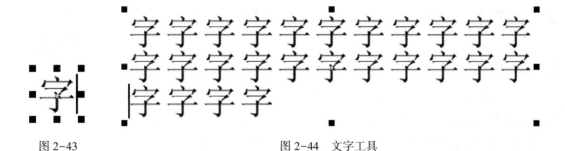

图 2-43　　　　　　　　　　　　　　图 2-44　文字工具

2）选择工具栏中的 字 （文本工具，快捷键为〈F8〉），按住鼠标左键拖动出文本框，如图 2-45 所示；在文本框中输入文字将自动换行，如图 2-46 所示。

29

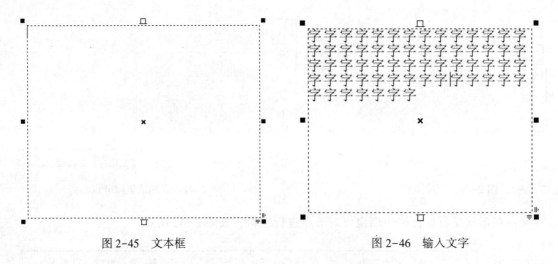

图 2-45　文本框　　　　　　　　　　　图 2-46　输入文字

3）当文字过多，文本框无法全部显示时，文本框的黑色虚线将变成红色虚线，如图 2-47，按住鼠标左键拖动文本框右下角可对文本框进行缩放，如图 2-47 所示。

4）选择文字，如图 2-48 所示；在文字属性栏中更改文字大小及字体，如图 2-49 所示。

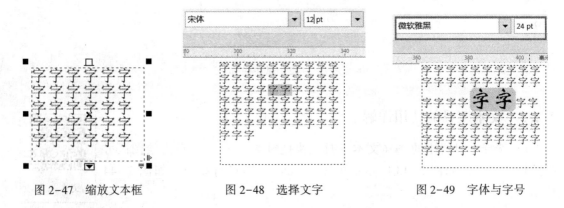

图 2-47　缩放文本框　　　　　　图 2-48　选择文字　　　　　　图 2-49　字体与字号

2.3　实例1：图案化商标设计——大拇指珍珠奶茶标志设计

造型功能操作

2.3.1　案例分析

1）商标的设计分析：大拇指珍珠奶茶的设计，首先考虑到的就是奶茶杯、珍珠和大拇指。但是要怎样才能让有生命的大拇指与无生命的奶茶杯、珍珠巧妙地结合起来呢？那就是卡通了，一个有嘴，有眼睛的奶茶杯，自然也就拥有了生命，再加上一只手，一个卡通形象的 LOGO 就诞生了，就像麦当劳叔叔，就是以一个卡通的形象来作为产品的标识。

2）软件的运用分析：本实例主要练习绘图工具、调色板、形状工具以及渐变填充和交互式填充的运用。最终效果如图 2-50 所示。制作过程如图 2-51 所示。

图 2-50　最终效果

图 2-51　制作过程

2.3.2　创建新文档

1）打开 CorelDRAW 2017，单击 （新建按钮，组合键为〈Ctrl+N〉），建一个新文档，如图 2-52 所示。

2）在弹出的"创建新文档"对话框中，设置名称为"大拇指珍珠奶茶"，大小设置为 A4，竖向摆放，单击"确定"按钮完成新建，如图 2-53 所示。

图 2-52　新建文档

图 2-53　更改参数

2.3.3　绘制杯子形状

1）在工具栏中选择 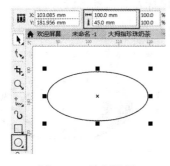（椭圆形工具），在绘图区中绘制出一个椭圆形轮廓，在属性栏中更改参数调整椭圆形大小，宽为 100 mm，高为 45 mm，如图 2-54 所示。

2）在绘图区右侧的调色板中用鼠标左键单击蓝色，进行颜色填充，如图 2-55 所示。

图 2-54　绘制椭圆

图 2-55　填充颜色

3）选择图 2-56 中 1 处所示的椭圆工具，在绘图区中再画一个椭圆，然后在属性栏中调整宽度为 85 mm，高度为 42 mm，如图 2-56 中 2 处所示。选择工具栏中的 ↖ （选择工具），如图 2-56 中 3 处所示，对第二个椭圆进行位置调整，如图 2-56 所示。

4）使用选择工具选中两个椭圆，用鼠标右键单击绘图区右侧调色板中的 ✕ "无"，将对象去除轮廓，如图 2-57 所示。

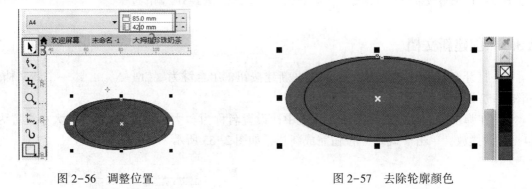

图 2-56　调整位置　　　　　　　　　　图 2-57　去除轮廓颜色

5）单击属性栏中的 ⊡ （修剪工具），进行修剪（上面图层减去下面图层），如图 2-58 所示。

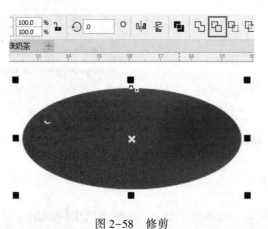

图 2-58　修剪

6）按住〈Shift〉键不放，按住鼠标左键拖动编辑框右下角黑色小方块，对修剪后的形状进行同心缩小。接着再次按住〈Shift〉键不放，按住鼠标左键拖动形状进行复制，然后用选择工具将复制出来的形状调整位置及大小，如图 2-59 所示。

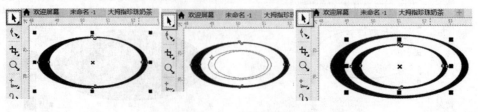

图 2-59　调整图形

7）按〈Ctrl+A〉组合键全选对象，在属性栏中单击 ⬚ （合并）将对象进行合并，如图 2-60 所示。

8）选择工具栏中的交互式填充工具 ◈，如图 2-61 所示。然后在工具栏中选择编辑填充 ◈，弹出编辑填充界面，设置为渐变填充，由蓝色到白色渐变；将对象进行颜色填充，如图 2-62 所示。

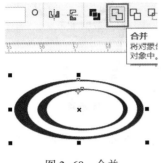

图 2-60　合并

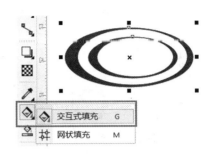

图 2-61　渐变填充工具

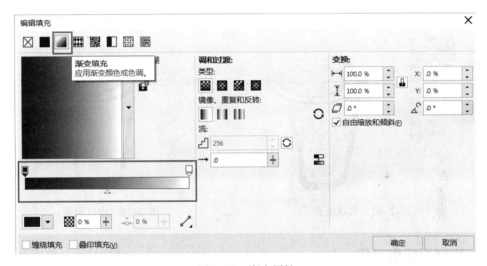

图 2-62　渐变属性

9）选择工具栏中的 ◈ （交互式填充工具），然后在图形上方拖动出交互式填充效果，如图 2-63 所示，然后调整交互式填充工具的控制柄，调整渐变方向及颜色比例，如图 2-64 所示。

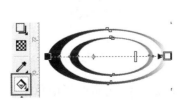

图 2-63　交互式填充工具

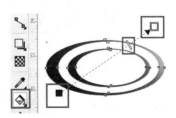

图 2-64　调整方向及比例

10）选择工具栏中的 ↘（贝塞尔工具），用贝塞尔工具绘制出杯身的形状，如图 2-65 所示。在工具栏中单击 ♦（填充工具），将杯身进行颜色填充，如图 2-66 所示。

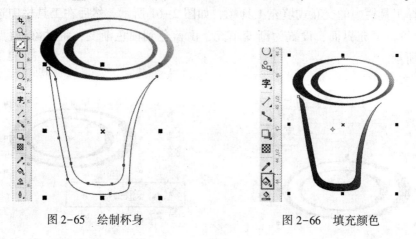

图 2-65　绘制杯身　　　　　　　　图 2-66　填充颜色

11）选择工具栏中的 ⬚（形状工具），如图 2-67 所示。对杯子形状进行编辑，使之看起来更加协调，如图 2-68 所示。

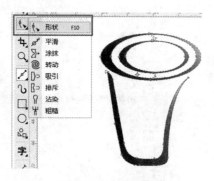

图 2-67　形状工具　　　　　　　　图 2-68　形状编辑

2.3.4　绘制大拇指形状

1）选择工具栏中的 ↘（贝塞尔工具）绘制手的外轮廓，如图 2-69 所示。再绘制出手指的形状，如图 2-70 所示。

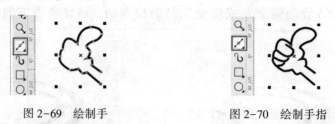

图 2-69　绘制手　　　　　　　　图 2-70　绘制手指

2）在工具栏中选择 ⬚（选择工具），全选手的轮廓线，在属性栏中单击 ⬚（合并），将对象进行合并，如图 2-71 所示。然后在属性栏中更改轮廓粗细为 1.0 mm，如图 2-72 所示。

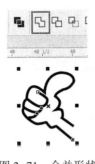

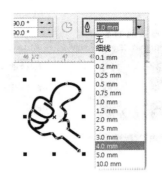

图 2-71　合并形状　　　　　　　　　图 2-72　轮廓粗细

3）选择工具栏中的 （形状工具），对手的轮廓进行编辑，调整手的形状，如图 2-73 所示。

4）使用工具栏中的（选择工具），调整手的大小及位置，如图 2-74 所示。

图 2-73　调整编辑　　　　　　　　　图 2-74　调整大小及位置

2.3.5　绘制珍珠

1）在工具栏中选择（椭圆形工具），按住〈Ctrl〉键在绘图区绘制正圆形，如图 2-75 所示。

2）选择工具栏中的交互式填充工具，如图 2-76 所示。然后在工具栏中选择编辑填充，弹出编辑填充界面，设置为渐变填充，由黑色到白色渐变，将对象进行填充，然后单击"确定"按钮，如图 2-77 所示。

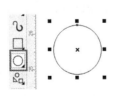

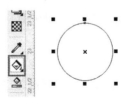

图 2-75　绘制正圆　　　　　　　　　图 2-76　渐变填充工具

3）选择工具栏中的（交互式填充工具），如图 2-78 所示。调整交互式填充工具的控制柄，调整渐变方向及颜色比例，按住三角形可移动渐变控制器的位置，如图 2-79 所示。

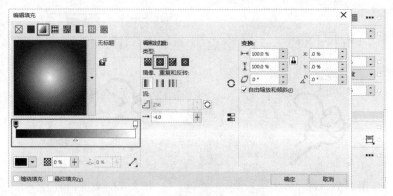

图 2-77 参数设置

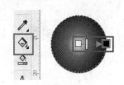

图 2-78 交互式填充工具

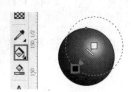

图 2-79 调整方向

4）用鼠标右键点击右侧调色板中的 ⊠ "无"，将对象去除轮廓，如图 2-80 所示。

5）选择工具栏中的 ⬚ 选择工具，调整珍珠的大小及位置，如图 2-81 所示。使用选择工具将圆形选择，然后按〈Ctrl+C〉组合键进行复制，并使用〈Ctrl+V〉组合键将其粘贴出来并调整位置，重复复制至图 2-82 所示的效果。

图 2-80 去除轮廓

图 2-81 调整大小及位置

图 2-82 复制

2.3.6 绘制表情

1）在工具栏中选择 ⬚ （椭圆形工具），按住〈Ctrl〉键在绘图区中绘制出圆形，如图 2-83 所示。选择工具栏中的 ⬚ 选择工具，选择圆形，然后按〈Ctrl+C〉组合键进行复制，并使用〈Ctrl+V〉组合键将其粘贴出来并调整位置，如图 2-84 所示。

2）使用选择工具选择两个圆，在属性栏中选择修剪工具，将对象进行修剪，如图 2-85 所示。在右侧的调色板中用鼠标左键单击黑色，将对象填充为黑色，如图 2-86 所示。

36

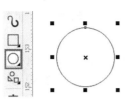

图 2-83　绘制圆形

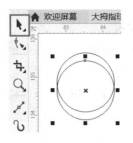

图 2-84　复制圆形

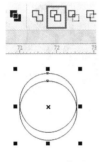

图 2-85　修剪

图 2-86　填充黑色

3）使用选择工具将修剪后的形状进行大小及位置的调整，作为一只眼睛，如图 2-87 所示。然后按〈Ctrl+C〉组合键将对象复制，再按〈Ctrl+V〉组合键将对象进行粘贴并调整位置作为另一只眼睛。重复复制与粘贴的步骤，制作出同样的形状作为嘴巴，如图 2-88 所示。

图 2-87　调整位置与大小

图 2-88　复制与粘贴

4）调整嘴的形状，选择工具栏中的选择工具，然后用鼠标左键单击对象，拖动缩放控制框角上的控制点调整嘴的大小。再次用鼠标左键单击对象，将缩放控制框变为旋转框，拖动旋转控制框角上的控制点，调整嘴的方向，如图 2-89 所示。

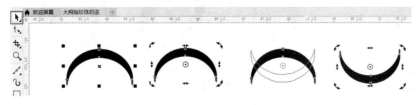

图 2-89　调整嘴的形状

2.3.7 调整完成

1) 右击杯身，在弹出的快捷菜单中选择"顺序"/"到图层前面"命令，将杯身调到最前，如图 2-90 所示。

2) 对商标进行最后调整：全选珍珠（按住〈Shift〉键，单击鼠标左键可进行加选或减选），进行颜色调整，使之颜色更加协调，完成本例制作，如图 2-91 所示。

图 2-90 到图层前面

图 2-91 最终效果

2.4 实例 2：文字商标——万尚工作室标志设计

2.4.1 案例分析

1) 商标的设计分析：以文字为主要构成元素所构成的商标称为文字商标。"万尚"商标作为时尚杂志的商标，有集万种时尚为一体的寓意。为使人对商标加深印象，让商标具有独特性，所以要对商标加以修饰。

2) 软件的运用分析：商标绘制的步骤较多，本实例将涉及图形绘制与颜色填充还有选择工具的运用技巧，最终效果如图 2-92 所示，制作过程如图 2-93 所示。

图 2-92 最终效果

图 2-93 制作过程

2.4.2　创建新文档

1）打开 CorelDRAW 2017，单击 （新建按钮，组合键为〈Ctrl+N〉），建一个新文档，如图 2-94 所示。

2）在弹出的"创建新文档"对话框中，更改新建文档属性，设置名称为"万尚"，大小设置为 A4，横向摆放，单击"确定"按钮完成新建文档，如图 2-95 所示。

图 2-94　新建文档　　　　　　　　　　图 2-95　更改属性

2.4.3　绘制基础图形

1）在工具栏中选择 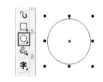（椭圆形工具），在绘图区中按住〈Ctrl〉键绘制出一个正圆形轮廓，如图 2-96 所示。

图 2-96　绘制正圆

2）选择工具栏中的（选择工具）选中对象，使用鼠标左键将其移动到图 2-97A 所示的位置时单击鼠标右键即可复制新的圆形，然后将两个圆形选择，如图 2-97B 所示。

3）在选择工具属性栏中单击（修剪按钮）进行修剪（上面图层减去下面图层），如图 2-98 所示。

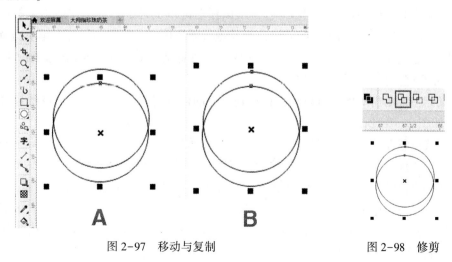

图 2-97　移动与复制　　　　　　　　　　图 2-98　修剪

4）重复以上步骤1、2、3，再绘制出图2-99所示轮廓，进行修剪，如图2-100所示。

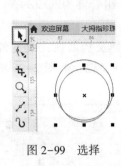

图2-99　选择

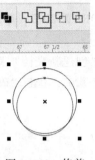

图2-100　修剪

5）在工具栏中选择 ○ （椭圆形工具），按住〈Ctrl〉键绘制出一个圆形轮廓。选择工具栏中的 ▶ （选择工具），选中绘制出来的圆形，按住〈Ctrl〉键不放，同时用鼠标左键拖动缩放框角上控制点，将对象进行同心缩小，缩小到合适大小时单击鼠标右键进行复制；如图2-101所示。选中两个对象，在选择工具属性栏中单击 ▣ （修剪按钮）进行修剪，如图2-102所示。

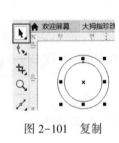

图2-101　复制

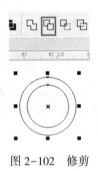

图2-102　修剪

2.4.4　颜色填充及复制调整

1）选择工具栏中的 ▶ （选择工具），用鼠标左键单击选中第一个修剪出来的对象，然后用鼠标左键单击右侧调色板中的蓝色，对其进行颜色填充。接着用鼠标右键单击调色板中的 ✕ "无"，进行去除轮廓（提示：去除轮廓后还可看见一个圆形黑框，那是刚才减去圆形的轮廓，可不理会），如图2-103所示。

2）鼠标左键单击对象进行移动，移动到合适的位置时单击鼠标右键，将图形进行复制和粘贴，如图2-104所示。

3）调整位置及方向：选择工具栏中的 ▶ （选择工具），单击选择形状后将出现一个缩放控制框，此时可对对象进行缩放和移动；再次单击对象将缩放控制框变成旋转控制框，此时可对对象进行旋转及移动，参考"万"字的笔画，将形状调整至图2-105所示。

4）选择工具栏中的 ▶ （选择工具），用鼠标左键单击选中第二个修剪出来的对象，用鼠标左键单击右侧调色板中的青色将其进行颜色填充，然后用右键单击右侧调色板中的"无"，进行去除描边，如图2-106所示。

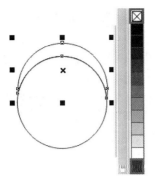

图 2-103　填充颜色

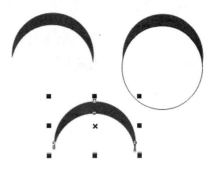

图 2-104　复制粘贴

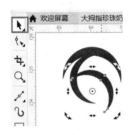

图 2-105　调整形状

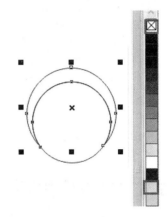

图 2-106　去除描边

5）选择工具栏中的 ![](选择工具），用鼠标左键单击选中第三个修剪出来的对象，然后用鼠标左键单击右侧调色板中的青色将图形进行颜色填充，接着用右键单击右侧调色板中的"无"，进行去除描边，如图 2-107 所示。

6）将调整好的形状进行位置的调整，如图 2-108A 处所示，并以同样的方法绘制出"尚"字的"小"字头，如图 2-108B 处所示。

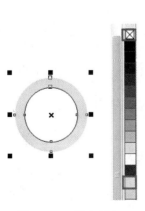

图 2-107　填充颜色

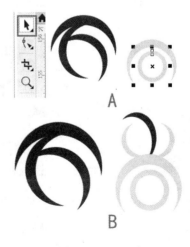

图 2-108　位置调整

2.4.5 调整完成

1）调整好位置后，在尚字的深蓝色笔画上单击鼠标右键，在弹出的快捷菜单中选择"顺序"/"到页面后面"命令，把对象移到图层最后面，如图 2-109 所示。

2）根据设计要求，重新微调一下大小及位置，如图 2-110 所示。本例制作完毕。

图 2-109　调整　　　　　　　　　　　　　　图 2-110　最终效果

2.5　实例 3：图文结合类商标——祥云酒商标

2.5.1　案例分析

1）商标的设计分析：图文商标也称为复合商标，它是由图案和文字组成的。"祥云酒"的 LOGO 自然会想到用祥云和酒来做设计元素。于是就想到了将酒字的三点水换成祥云，让人一看见这个商标就能够联想到这个产品。

红灯笼

2）软件的运用分析：标志的设计步骤较多，主要练习贝塞尔工具、调色板，还有文字工具的使用技巧，最终效果如图 2-111 所示，制作过程如图 2-112 所示。

图 2-111　效果图　　　　　　　　　　　　　图 2-112　步骤图

2.5.2 图形绘制

1）打开 CorelDRAW 2017，单击 （新建按钮，组合键为〈Ctrl+N〉），建一个新文档。更改新建文档属性，名称为"祥云酒"，大小设置为A4，横向摆放，单击"确定"按钮完成新建，如图 2-113 所示。

2）选择工具栏中的 （贝塞尔工具），如图 2-114 所示。在绘图区单击绘制节点，再次单击绘制第二个节点，绘制出直线。此时按住鼠标左键拖动即可控制曲线方向，绘制出弧形后松开鼠标左键，如图 2-115 所示。使用鼠标左键双击节点，可删除反方向控制柄并继续绘制节点。

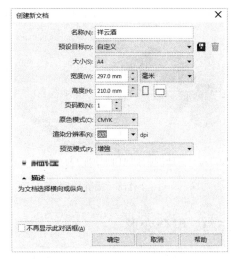

图 2-113　创建新文档

图 2-114　选择贝塞尔工具

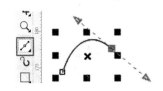

图 2-115　绘制祥云

3）使用 （贝塞尔工具），耐心地绘制出祥云形状轮廓，如图 2-116 所示。

图 2-116　祥云轮廓

4）用鼠标左键单击右侧调色板中的蓝色，对祥云进行颜色填充，如图 2-117 所示。然后用鼠标右键单击右侧调色板中的 × "无"进行去除轮廓，如图 2-118 所示。

图 2-117　填充颜色

5）用同样的方法绘制出图 2-119 所示的 A 处及 B 处两朵祥云。

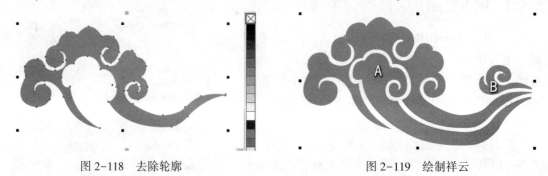

图 2-118　去除轮廓　　　　　　　　　　　图 2-119　绘制祥云

2.5.3　组合变形

1）选择工具栏中的 字（文字工具），如图 2-120 所示。在绘图区输入"酒"字，然后在属性栏中更改字号为 200 pt，如图 2-121 所示。在属性栏中更改字体为"方正启体简体"，如图 2-122 所示。

图 2-120　选择文字工具　　　　　　　　图 2-121　设置字号

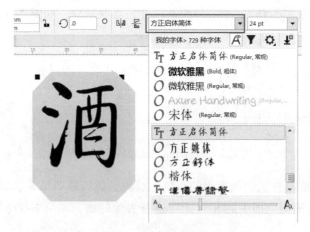

图 2-122　设置字体

2）选择工具栏中的 （贝塞尔工具），抠画出"酒"字的" 氵"，选择工具栏中的 （选择工具），选中"酒"字及贝塞尔工具抠出的轮廓，如图 2-123 所示。

3）在属性栏中单击 （修剪工具），将"酒"字的三点水减去，如图 2-124 所示。选择工具栏中的 （形状工具），选择贝塞尔工具抠出的轮廓，如图 2-125 所示，按〈Delete〉键进行删除。

图 2-123　抠字

图 2-124　修剪文字

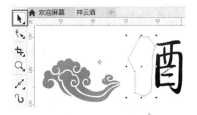

图 2-125　删除多余轮廓

4）选中"酒"字的右半边，调整大小及位置，在调色板中用鼠标左键单击蓝色，进行颜色填充，如图 2-126 所示。

图 2-126　填充颜色

2.5.4　输入文字

1）选择工具栏中的 字 （文字工具），在绘图区输入"祥云酒"，如图 2-127 所示。用鼠标左键单击调色板中的蓝色，进行颜色填充。用鼠标右键单击调色板中的 × "无"，进行去除轮廓。

2）选择工具栏中的 ⬚ （形状工具），调整"祥云酒"的大小及位置。本例制作完毕，如图 2-128 所示。

图 2-127　输入文字

图 2-128　效果图

第3章 CorelDRAW 2017 卡片设计

3.1 认识卡片设计

3.1.1 卡片的分类

1）卡片以各种各样的形式存在着，一般可分为各企业的 VIP 卡（如图 3-1 所示）、名片、饭卡、贺卡（如图 3-2 所示）、邀请函等。

图 3-1

图 3-2

2）按照卡片的制作可分为：①烫金、烫银名片；②起鼓浮雕工艺；③水晶凸字工艺；④压痕工艺；⑤折纸工艺；⑥圆角工艺；⑦二维码等。

3）按照卡片的风格可分为：①时尚风格；②简约风格；③趣味风格；④抽象风格；⑤创意风格；⑥中国风格；⑦经典风格等。

4）按照卡片的排版可分为：①竖版；②横版。

5）按照卡片的材质可分为：①纸质卡片；②金属卡片；③黄金卡片；④塑料卡片；⑤红木卡片；⑥木质名卡；⑦竹简卡片；⑧丝绸卡片；⑨皮革卡片；⑩电镀卡片等。

3.1.2 卡片设计注意事项

1）卡片设计一般上下左右各有 2 mm 的出血位。

2）如果制作尺寸超出或者小于标准卡片的大小，应注明所需的正确尺寸，上下左右也是各 2 mm 出血位。

3）稿件完成不需画裁切线或十字线。

4）文字（数字）部分：为了防止裁切时文字被切到，在排版时文字的安排应距离裁切线 3 mm 以上；为了防止输出制版时因没有相同字体而导致字体被更换，稿件确认后，应将文字转为曲线。

5) 颜色部分：制作时必须依照 CMYK 色标的百分比来决定制作填色。如有特殊颜色，要注明；同一文档在不同印刷时都会有色彩差，差距在正负 10% 以内为正常；底纹或底图颜色的设定最好高于 8%，以防止印刷成品时无法显示；图片应以 CMYK 模式制作，以 TIFF 格式储存；色块的配色，为防止大面积印刷不均，尽量不要使用满版色。

6) 图像部分：所有输入或自行绘制的线条、色块等图形，其轮廓粗细应大于 0.1 mm，防止印刷时短线或无法呈现其状况；择取图像时，要注意图像的清晰度。

3.2 CorelDRAW 2017 卡片设计技术详解

3.2.1 调和工具的使用

1) 首先绘制出不同图形的轮廓，如图 3-3 所示，绘制出一个矩形和圆形，使用工具栏中的 🖌（调和工具）在两个圆形之间拖动，可通过创建中间对象来调和对象，如图 3-3 所示。

调和工具

2) 绘制两个图形轮廓，填充不同颜色，再使用 🖌（调和工具）通过创建颜色序列来调和对象，如图 3-4 所示。

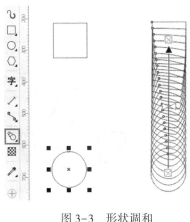

图 3-3　形状调和

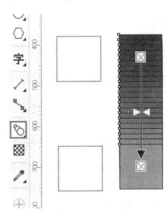

图 3-4　色彩调和

3) 绘制出不同图形的轮廓，再填充不同的颜色。使用 🖌（调和工具）通过创建中间对象和颜色序列来调和对象，如图 3-5 所示。

3.2.2 轮廓图效果

1) 画出一个矩形，然后将大矩形填充为蓝色，如图 3-6A 处所示，使用 🔲 轮廓工具从矩形边往中心拖动，产生轮廓图效果，如图 3-6B 所示。调整控制器上的控制点来调节同心形状的大小及数量，可绘制出一组向对象中心缩小的同心形状，如图 3-6C 所示。

2) 画一个矩形轮廓，如图 3-7A 所示。使用 🔲（轮廓

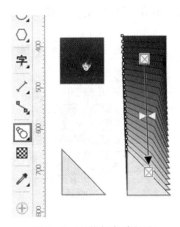

图 3-5　形状与色彩调和

47

工具）单击对象，向对象外拉，如图 3-7B 所示。调整控制器上的控制点来调节同心形状的大小及数量。可绘制出一组从对象内部向外延伸的同心形状，如图 3-7C 所示。

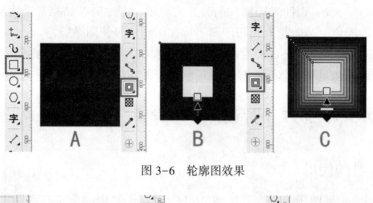

图 3-6　轮廓图效果

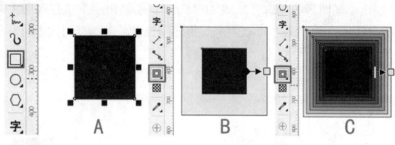

图 3-7　轮廓图效果

3）可在属性栏中更改轮廓的运用方向，如图 3-8 所示。

4）可以在属性栏中更改颜色，来调整渐变颜色。被更改颜色的对象为轮廓工具所绘制出的最后一个轮廓的颜色，如图 3-9A 所示。在调色板中更改颜色，来调整渐变颜色。被更改颜色的对象为矩形工具所绘制出的轮廓颜色，如图 3-9B 所示。

5）在属性栏中更改轮廓角类型，可更改为斜接角、圆角或斜切角，如图 3-10 所示。

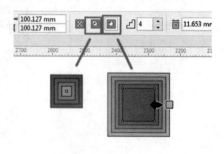

图 3-8　属性更改

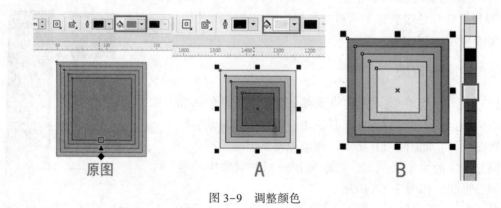

图 3-9　调整颜色

6）在属性栏中设置轮廓色的颜色渐变序列，如图 3-11 所示。

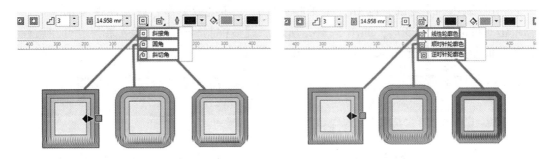

图 3-10　调整轮廓角　　　　　　　　图 3-11　调整颜色渐变序列

7）在属性栏中更改轮廓颜色，拖动滚动条或单击"更多"，有其他颜色可选择，也可用颜色滴管工具吸取需要的颜色，如图 3-12 所示。

8）调整轮廓中对象大小和颜色变化的速率，解开锁头可单独调整对象大小或颜色的变化速率。锁上锁头调整对象大小或颜色的变化速率时，另一个也会跟着改变，如图 3-13 所示。

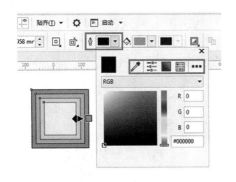　　　　　　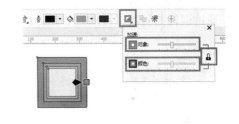

图 3-12　更多颜色　　　　　　　　　　图 3-13　速率调整

变形工具

3.2.3　变形效果

1）先绘制出一个矩形轮廓，运用 ▧（变形工具）对其进行变形。可以在属性栏中选择推拉变形，单击对象后进行拖动变形，如图 3-14A 所示。调整控制柄改变变形效果，也可在属性栏中调整其他参数更改变形效果，如图 3-14B 所示。

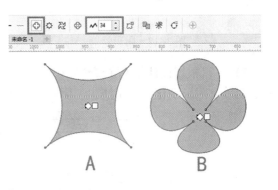

图 3-14　变形效果

2）先绘制出一个矩形轮廓，运用 ▧（变形工具）对其进行变形，在属性栏中选择拉链变形，单击对象进行拖动变形，如图 3-15A 所示。调整控制柄可以改变变形效果，也可在属性栏中调整其他参数更改变形效果，如

图 3-15B 所示。

3）先绘制出一个轮廓，运用🌼（变形工具）对其进行变形，在属性栏中选择扭曲变形，单击对象进行旋转变形，如图 3-16A 所示。调整控制柄改变变形效果，也可在属性栏中调整其他参数更改变形效果，如图 3-16B 所示。

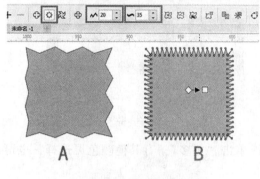
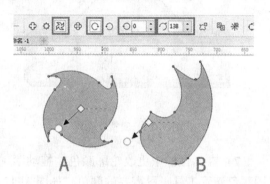

图 3-15　拉链变形　　　　　　　　　　　　图 3-16　扭曲变形

3.2.4　阴影效果

阴影工具

1）先绘制一个矩形轮廓，运用▢（阴影工具）在矩形上进行拖动，可以给对象添加阴影，如图 3-17 所示。

2）通过调整控制器，可以改变投影大小、方向及深度，如图 3-18 所示。

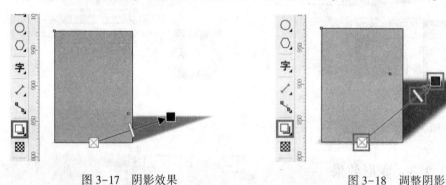

图 3-17　阴影效果　　　　　　　　　　　　图 3-18　调整阴影

3）可以根据设计需要在属性栏中更改参数，调整阴影效果。可更改阴影角度、阴影的不透明度、阴影羽化、阴影淡出、阴影延伸和阴影颜色等，如图 3-19 所示。

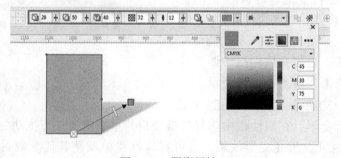

图 3-19　阴影属性

3.2.5　封套效果

1）先运用 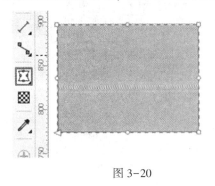（封套工具）绘制一个矩形轮廓，如图 3-20 所示。通过应用和拖动封套节点更改对象的形状，如图 3-21 所示。

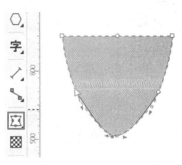

图 3-20　　　　　　　　　　　　图 3-21　封套效果

2）在轮廓上双击鼠标左键可添加节点，在节点上双击鼠标左键可删除节点，也可单击鼠标右键添加或删除节点，如图 3-22 所示。

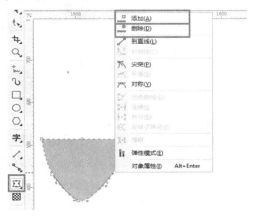

图 3-22　添加和删除节点

3.2.6　立体化效果

立体化工具

1）先绘制一个矩形轮廓，运用 （立体化工具）将 3D 效果运用到对象上来创造立体感，如图 3-23 所示。

2）可以通过调整控制器，更改立体效果的方向及大小，如图 3-24 所示。

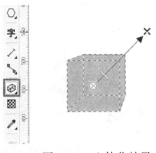 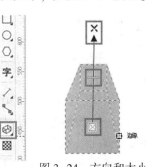

图 3-23　立体化效果　　　　　图 3-24　方向和大小

51

3）也可以在属性栏中更改参数，改变立体化类型和深度，如图 3-25 所示。

4）在属性栏中更改参数，改变立体化颜色，如图 3-26 所示。可结合立体化类型选择不同效果，如图 3-27 所示。

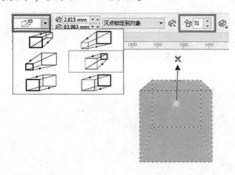

图 3-25　属性栏

图 3-26　颜色

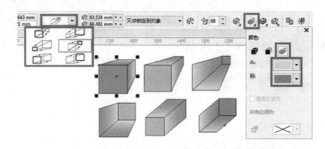

图 3-27　立体化类型

5）在属性栏中更改参数，改变立体化旋转，按住鼠标左键拖动"3"字进行旋转，如图 3-28 所示。或单击右下角的坐标轴图标，更改 x，y，z 轴参数，如图 3-29 所示。

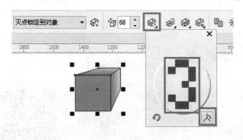

图 3-28　轴参数

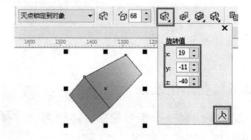

图 3-29　旋转值

透明度工具

3.2.7　透明度效果

1）先绘制一个矩形轮廓，运用 ▦（透明度工具），将部分对象进行透明处理，即可显示下层图层，如图 3-30 所示。

2）在属性栏中更改透明度类型，如图 3-31 所示。透明度操作（选择透明度的颜色与下层对象的颜色的调和方式），如图 3-32 所示。更改透明度图样，如

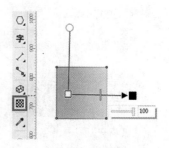

图 3-30　透明度效果

图 3-33 所示。

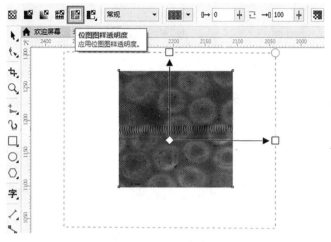

图 3-31　透明度类型

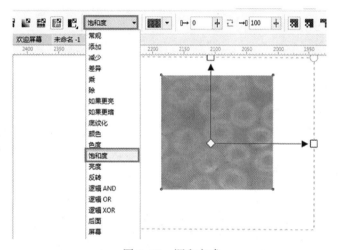

图 3-32　调和方式

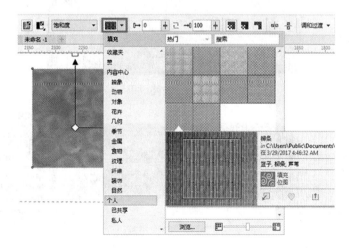

图 3-33　透明图样

3）在属性栏中更改透明度目标，可更改为填充透明、轮廓透明或全部透明，如图3-34所示。

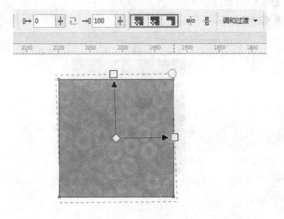

图3-34　透明度目标

3.3　实例1：798KTV 名片设计

3.3.1　案例分析

1）名片的设计分析：798KTV 是一个酒吧和 KTV 一体的娱乐场所，做这种名片自然会想到音乐、酒还有麦霸等元素，于是设计师就以音频、音响还有人的剪影来做设计。

2）软件的运用分析：本实例主要练习绘图工具、调色板和交互式填充等工具的运用，相交、组合等命令的使用，最终效果如图3-35所示，制作过程如图3-36所示。

图3-35　最终效果

图3-36　制作过程

3.3.2　新建文档

1）打开 CorelDRAW 2017，单击 ⬚（新建按钮，组合键为〈Ctrl+N〉），建一个新文档，如图 3-37 所示。

2）在弹出的"创建新文档"对话框中更改新建文档属性，名称为"798KTV 名片"，单位为毫米，宽度为 100 mm，高度为 124 mm，竖向摆放，单击"确定"按钮完成新建，如图 3-38 所示。

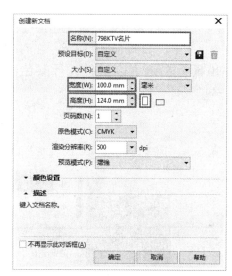

图 3-37　新建空白文档　　　　　　　　　　图 3-38　设置新文档参数

3.3.3　制作名片正面

1）使用工具栏中的 ⬚（矩形工具），绘制出一个矩形，在属性栏中更改长为 90 mm，宽为 54 mm，调整矩形位置，如图 3-39 所示。使用 ⬚（形状工具）将矩形的直角调整为圆角，如图 3-40 所示。

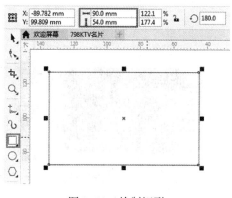

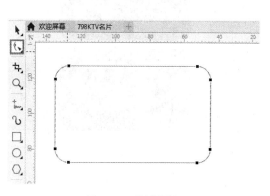

图 3-39　绘制矩形　　　　　　　　　　图 3-40　调整圆角

2）在工具栏中选择选择工具 ⬉，选中矩形，按〈Ctrl+C〉及〈Ctrl+V〉组合键，将矩形复制并粘贴，然后将其移动至下方，如图3-41所示。

3）选中两个图形，在右下角状态栏上双击 ◈（交互式填充工具），如图3-42中1处所示。弹出"编辑填充"对话框，选择"模型"，如图3-42中2处所示，然后将CMYK值调为95、95、60、40，如图3-42中3处所示。

4）选择□（矩形工具），在第一张卡片上绘制一个小矩形，如图3-43所示。在右侧的调色板中用鼠标左键单击白色进行颜色填充，如图3-44所示。

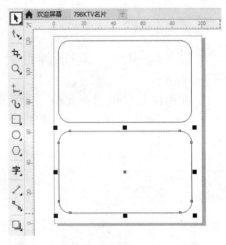

图3-41 复制矩形

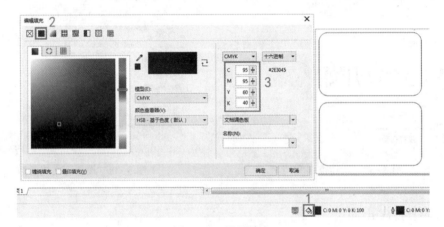

图3-42 设置填充

图3-43 绘制矩形

图3-44 填充白色

5）选择工具栏中的 ⬉（选择工具），调整小矩形的大小，然后按〈Ctrl+C〉及〈Ctrl+V〉组合键对矩形进行复制和粘贴，根据设计需要决定复制数量，如图3-45所示。

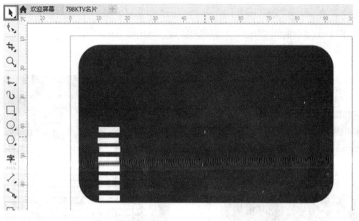

图 3-45 复制

6）选中所有小矩形，按住〈Shift〉键，单击鼠标左键进行加选或减选（或直接使用 选择工具拖动进行圈选），结合〈Ctrl+C〉和〈Ctrl+V〉组合键再次进行复制与粘贴，并将复制出来的矩形移动到上方，以增加高度，如图 3-46 所示。

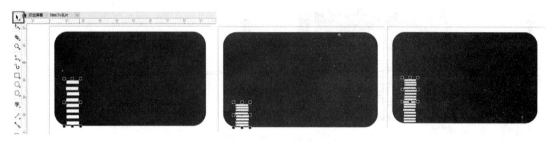

图 3-46 复制粘贴

7）使用选择工具全选所有小矩形，单击属性栏中的"对齐与分布"按钮，如图 3-47 中 1 处所示，在弹出的泊坞窗中选择"水平居中对齐"（如图 3-47 中 2 处所示）和"垂直分散排列中心"（如图 3-47 中 3 处所示），效果如图 3-47 所示。

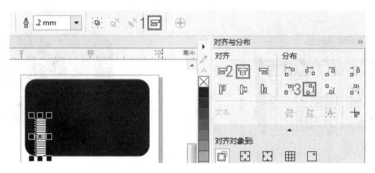

图 3-47 对齐与分布

8）全选小矩形，使用选择工具调整大小，然后在属性栏中单击"组合对象"图标将其进行组合（组合键〈Ctrl+G〉），如图 3-48 所示。

9）将组合过的矩形进行多次复制与粘贴，并且调整其位置，参考图 3-49 进行排列；

全选全部矩形组合，单击属性栏中的"对齐与分布"按钮，在弹出的泊坞窗中选择"垂直居中对齐"和"水平分散排列中心"，调整位置，如图3-50所示。

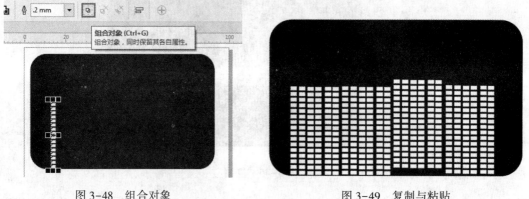

图3-48　组合对象　　　　　　　　　　　　　　图3-49　复制与粘贴

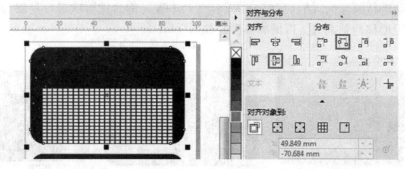

图3-50　对齐与分布

10）选中所有矩形组，在属性栏中单击"取消组合所有对象"图标将所有组合取消，如图3-51所示。使用 ▶ （选择工具），结合设计需要将一些小矩形删除，选中需要删除的小矩形，然后按〈Delete〉键进行删除，制作出音频的效果，如图3-52所示。

图3-51　取消组合所有对象

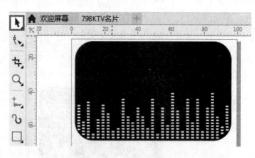

图3-52　音频效果

11）选中所有小矩形，单击属性栏中的"组合对象"图标将所有小矩形进行组合，如图3-53所示。选择□ （矩形工具），绘制出一个矩形，如图3-54所示。

12）在工具栏中选择◆ （交互式填充工具），单击渐变填充（快捷键〈F11〉），如图3-55所示。在弹出的对话框中更改填充参数，类型改为线性。双击渐变色条添加着色点，本例中为其依次添加白、黄、绿、红四种色彩，如图 3-56 所示。

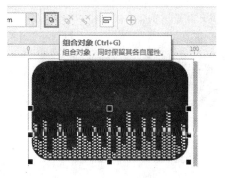

图 3-53　组合对象

图 3-54　绘制矩形

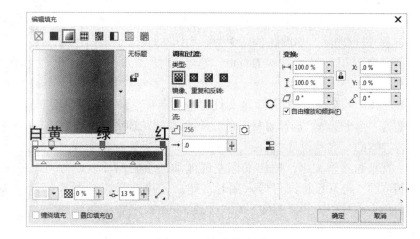

图 3-55　渐变填充

图 3-56　渐变填充设置

13）在工具栏中选择 （交互式填充工具），调整渐变方向及颜色比例，如图 3-57 所示。然后按〈Ctrl+PageDown〉组合键将渐变矩形后移一层，如图 3-58 所示。

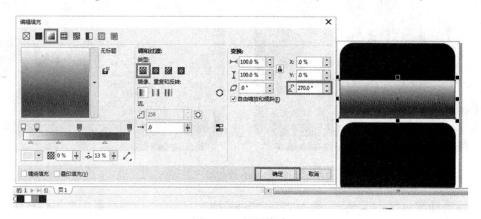

图 3-57　调整渐变

14）使用工具栏中的 ▶（选择工具），先选中已经组合的小方格图层，按住〈Shift〉键，再加选渐变颜色矩形，在属性栏中单击"相交"图标，如图 3-59 所示。（相交：复制出两个或多个图层的相交部分，颜色为后选图层的颜色。)

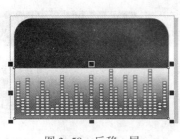
图 3-58　后移一层

图 3-59　相交

15）用鼠标左键单击有渐变颜色的矩形，然后按〈Delete〉进行删除，如图 3-60A 所示。用鼠标左键单击白色的小方格图层，然后按〈Delete〉进行删除，如图 3-60B 所示。

16）在菜单栏中执行"文件" / "导入"命令（组合键为〈Ctrl+I〉）。选择素材中的"案例素材\CH03\3.3 实例 1：798KTV 名片设计 1. png"文件。此时鼠标光标将变成一个直角和一些文字，按住鼠标左键拖动，绘制出导入图片的范围，松开鼠标即可导入图片。然后使用选择工具调整图片大小及位置，接着按〈Ctrl+PageDown〉组合键将素材后移一层，如图 3-61 所示。

17）以同样的方法再导入素材中的"3.3 实例 1：798KTV 名片设计 2. png"文件，调整大小及位置，如图 3-62 所示。

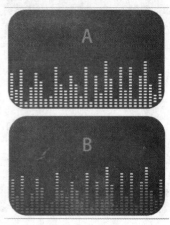
图 3-60　删除多余形状

图 3-61　导入素材

图 3-62　导入素材

18）选择**字**（文本工具），输入文字"798KTV"，然后根据设计需要在属性栏中更改文字大小及字体样色，如图 3-63 所示。

19）使用 ▶（选择工具），先选中文字，按住〈Shift〉键，再加选导入的"3.3 实例 1：798KTV 名片设计 2. png"图层，在属性栏中单击"相交"图标，如图 3-64 所示。

图 3-63　文字输入

图 3-64　相交

20）用鼠标左键单击"3.3 实例 1：798KTV 名片设计 2. png"图层，按住〈Shift〉键的同时用鼠标左键单击文字图层，然后按〈Delete〉键进行删除，如图 3-65 所示。名片正面制作完毕。

图 3-65　删除多余形状

3.3.4　制作名片反面

1）制作名片反面，在菜单栏中执行"文件"／"导入"命令（组合键为〈Ctrl+I〉）。选择"案例素材\CH03\3.3 实例 1：798KTV 名片设计 2. png"素材文件，调整大小及位置，如图 3-66 所示。选择工具箱中的**字**（文本工具），输入"798KTV"，然后在属性栏中更改字体为 Bodoni Bd BT，字号为 36 pt，颜色为黑色，如图 3-67 所示。

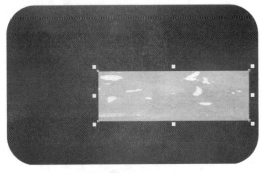

图 3-66　导入素材

图 3-67　输入文字

2）使用 ▶ （选择工具），先选中文字，按住〈Shift〉键再用鼠标左键加选导入的"3.3KTV 名片设计 2. png"图层，在属性栏中单击"相交"图标。用鼠标左键单击"3.3 实例 1：798KTV 名片设计 2. png"图层，按住〈Shift〉键的同时用鼠标左键单击文字图层，按〈Delete〉键进行删除，如图 3-68 所示。

3）用鼠标左键选中"798KTV"文字，按〈Ctrl+C〉组合键将文字复制，然后再按〈Ctrl+V〉组合键将复制的文字粘贴。单击属性栏中的"垂直镜像"图标，将对象进行镜像翻转，如图 3-69 所示。

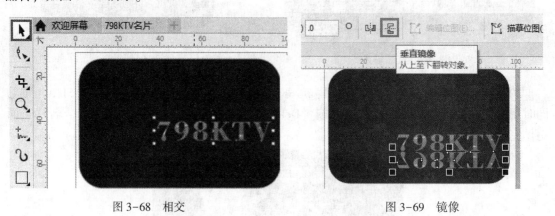

图 3-68　相交　　　　　　　　　　　　　　　图 3-69　镜像

4）选择工具栏中的 ▓ （透明度工具），如图 3-70 所示。选中对象，将对象进行透明度处理，可以通过移动透明度控制柄来调整透明方向及范围，直至制作出投影效果，如图 3-71 所示。

图 3-70　透明度工具　　　　　　　　　图 3-71　透明度效果

5）按〈Ctrl+I〉组合键，导入"素材\CH03\3.3 实例 1：798KTV 名片设计 3. png"素材文件，调整其大小及位置，选择工具栏中的 ▓ （透明度工具）将酒杯素材进行透明度处理，使之与背景更加融合，如图 3-72 所示。

6）使用工具栏中的 ○ （椭圆形工具），结合〈Ctrl〉键绘制出一个正圆，然后在右侧的调色板中用鼠标左键单击黄色，将圆形进行颜色填充。接着再用鼠标右键单击右侧调色板中的 ▨ （无颜色），将轮廓去除，如图 3-73 所示。

图 3-72　酒杯素材

7）使用工具栏中的 ⃝（椭圆形工具），结合〈Ctrl〉键绘制出一个大小如图 3-74 所示的小正圆，再用鼠标左键单击右侧调色板中的蓝色，进行蓝色填充，如图 3-74 所示。

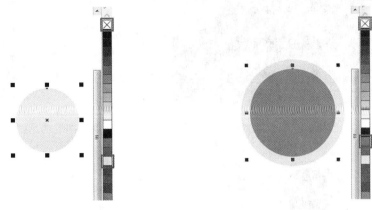

图 3-73　绘制圆形　　　　　　　　　　　　图 3-74　绘制小正圆

8）以同样的方法，绘制出大小不一的圆形并填充不同的颜色，使用 ▸ 选择工具选择全部圆形，然后在属性栏中单击"组合对象"图标，将圆形进行组合，如图 3-75 所示。

9）调整圆环位置，接着选择背景图层，如图 3-76 所示。按住〈Shift〉键的同时，再用鼠标左键点选"圆环"，将背景与圆环同时选择，最后在属性栏中单击"相交"图标，完成相交操作。使用选择工具选中圆环图层，按〈Delete〉键将相交完后的圆环删除，如图 3-77 所示。

图 3-75　组合对象

图 3-76　选择背景图层

10）选择工具栏中的 ⃝（椭圆形工具），结合〈Ctrl〉键绘制出正圆，然后用鼠标左键单击右侧调色板中的黄色进行颜色填充，接着用右键单击右侧调色板中的黑色进行轮廓填充，如图 3-78 所示。按住〈Shift〉键，鼠标左键拖动缩放框角上的黑点进行同心缩小，待缩小至合适大小的时候单击鼠标右键进行复制，最后使用鼠标左键在调色板中单击黑色进行颜色填充，如图 3-79 所示。

11）重复以上步骤，再复制一个同心圆。在状态栏中选择 ◈（交互式填充工具），然后双击它，选择渐变填充，如图 3-80 所示。在弹出的对话框中调整参数，类型调整为辐射，颜色调和为从黑到白,然后单击"确定"按钮为圆形添加渐变填充效果,如图3-81所示。

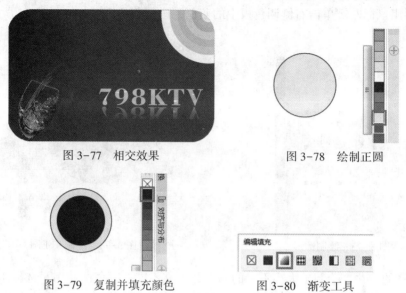

图3-77 相交效果   图3-78 绘制正圆

图3-79 复制并填充颜色   图3-80 渐变工具

图3-81 渐变设置

12)使用工具栏中的选择工具,结合〈Shift〉键用鼠标左键选择黑色圆形和有渐变颜色的两个对象进行同心缩小,待缩小至合适大小时单击鼠标右键进行复制,如图3-82所示。重复以上步骤,绘制出音响的效果,如图3-83所示。

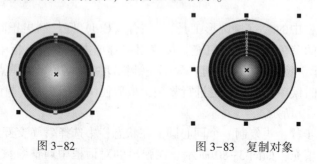

图3-82   图3-83 复制对象

13）使用（椭圆形工具），按住〈Ctrl〉键绘制出四个正圆并且填充黑色，然后将四个小圆形调整到四周位置，如图 3-84 所示。

14）使用工具栏中的（选择工具）选中音响，然后按〈Ctrl+C〉组合键复制并通过〈Ctrl+V〉组合键粘贴，参考图 3-85 调整大小及位置。

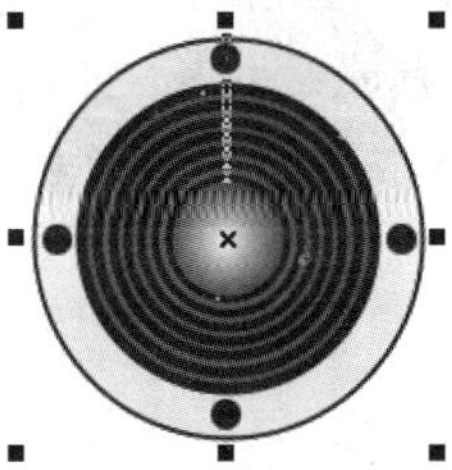
图 3-84　绘制四个小圆

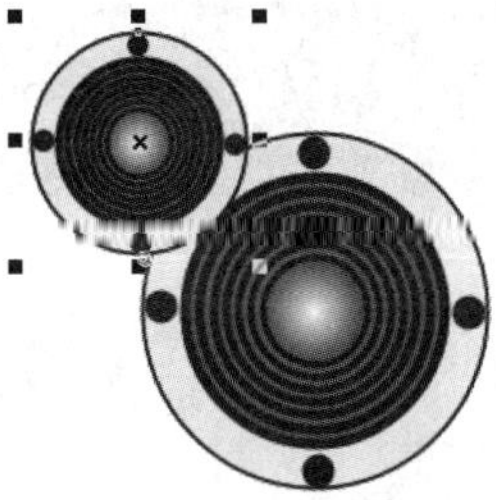
图 3-85　复制调整

15）使用工具栏中的（选择工具）选中小音响的黄色图层，然后用鼠标左键单击右侧调色板上的蓝色将其填充为蓝色，如图 3-86 所示。最后再适当调整大小及位置，如图 3-87 所示。

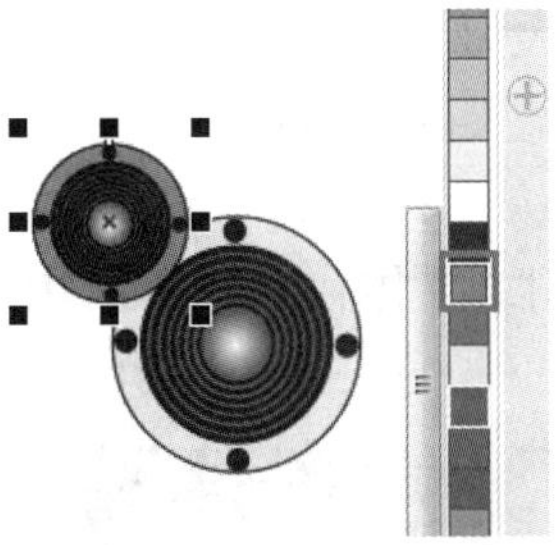
图 3-86　填充蓝色

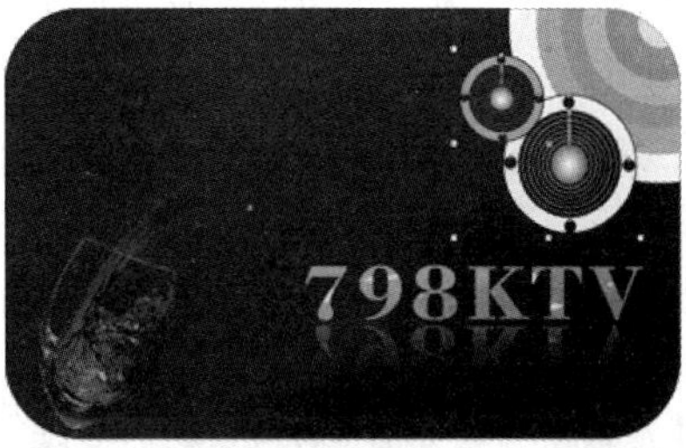

图 3-87　调整位置

16）选择工具栏中的**字**（文本工具），输入联系方式及其他信息；然后在属性栏中设置字体为 Bodoni Bd BT，字号为 9 pt，如图 3-88 所示。

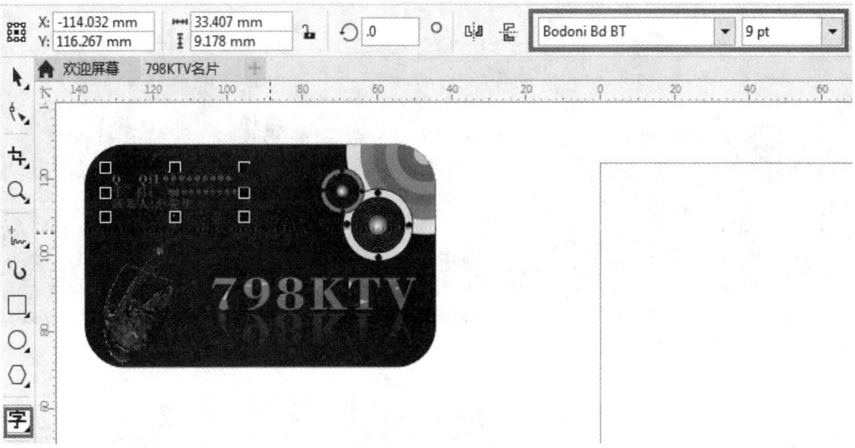

图 3-88　输入文字

17）检查整体设计，适当调整各图形的大小及位置，使之更协调，完成本例制作，如图 3-89 所示。

图 3-89　最终效果

3.4　实例 2：母亲节贺卡设计

3.4.1　案例分析

1）贺卡的设计分析：母爱如海，所以设计师考虑用大海与沙滩来做贺卡的背面背景，因为大海、蓝天、白云都是冷色调，而爱是温暖的，所以使用暖色调的图片作为正面背景。卡片的正面为粉红色，由心形、四叶草、小孩和字体构成。

2）软件的运用分析，本实例主要练习透明工具的使用，立体化工具的使用，字体的变形还有轮廓工具的使用。最终效果如图 3-90 所示。制作过程如图 3-91 所示。

图 3-90　最终效果

图 3-91　制作过程

3.4.2　新建文档

1）打开 CorelDRAW 2017，单击 🗗（新建按钮，组合键为〈Ctrl+N〉），建一个新文档，如图 3-92 所示。

2）在弹出的"创建新文档"对话框中，设置名称为"母亲节贺卡"，单位为毫米，宽度为 160 mm，高度为 100 mm，横向摆放，颜色模式设置为 CMYK，单击"确定"按钮完成新建，如图 3-93 所示。

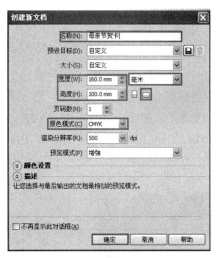

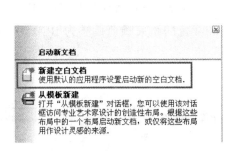

图 3-92　新建空白文档　　　　　　　　图 3-93　设置新文档

3.4.3　贺卡正面绘制

1）选择工具栏中的 ⊠（基本形状工具），如图 3-94 所示；然后在属性栏中选择心形，如图 3-95 所示。

2）在绘图区中，结合〈Ctrl〉键绘制出一个正心形，如图 3-96 所示。

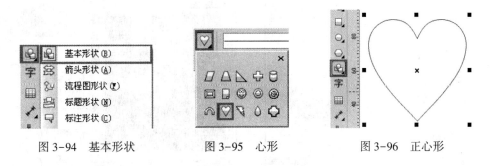

图 3-94　基本形状　　　图 3-95　心形　　　图 3-96　正心形

3）选择工具栏中的 ▣（立体化工具），如图 3-97 所示；将 3D 效果运用到对象上来创造立体感，单击对象，进行拖动，调整立体方向，如图 3-98 所示。

4）在属性栏中更改参数，改变立体化颜色，设置成由深桃红色到浅桃红色的过渡，如图 3-99 所示；然后用鼠标右键单击右侧调色板上的 ✕ "无"，去除轮廓，如图 3-100 所示。

图 3-97 立体化工具

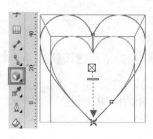

图 3-98 应用立体化效果

图 3-99 调整色彩

5）使用工具栏中的 ▣ （矩形工具），绘制出一个与绘图区同样大小的矩形轮廓，如图 3-101 所示。

6）选择工具栏中的 ■ （渐变填充工具），如图 3-102 所示；在弹出的"渐变填充"对话框中更改填充类型为"线性"，角度为 90°，更改调和颜色为双色，在"从"下拉列表中选择"更多"，如图 3-103 所示。在弹出的"选择颜色"对话框中，将调和颜色的开始色调整为 RGB 值 240,180,200，如图 3-104 所示。将调和颜色的结束颜色调整为 RGB 值 230,75,145，如图 3-105 所示。

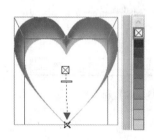

图 3-100 去除轮廓

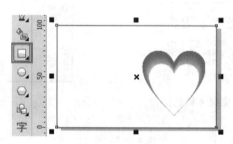

图 3-101 绘制矩形

图 3-102 渐变填充

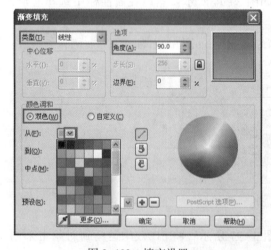

图 3-103 填充设置

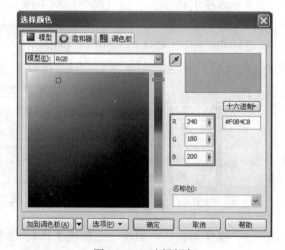

图 3-104 选择颜色

7）使用工具栏中的 ▣ （矩形工具），绘制出一个矩形。然后使用工具栏中的 ☺ （变形工具）单击对象进行拖动变形，绘制出幸福的"四叶草"，如图 3-106 所示。

68

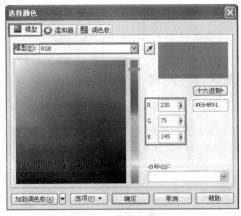
图 3-105　选择颜色

图 3-106　四叶草绘制

8）用鼠标左键单击右侧调色板中的粉红色进行颜色填充，再用鼠标右键单击×"无"进行去除轮廓，如图 3-107 所示。

9）利用选择工具，用鼠标左键拖动对象以调整位置。通过按数字键盘区的〈+〉键复制四叶草，然后调整大小及位置，连续复制 12 朵四叶草，按图 3-108 所示排列。

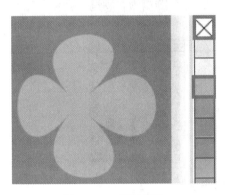
图 3-107　填充颜色

图 3-108　复制

10）使用工具栏中的 （选择工具），结合〈Shift〉键全选所有四叶草，然后按〈Ctrl+G〉组合键进行组合，如图 3-109 所示。

11）使用工具栏中的选择工具将背景图层选中，然后按住〈Shift〉键加选四叶草组合，接着单击属性栏中的"相交"图标，如图 3-110 所示。

12）使用工具栏中的选择工具选中组合中多余的四叶草图形，即有超出绘图区的图层，按〈Delete〉键进行删除，如图 3-111 所示。

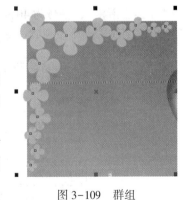
图 3-109　群组

13）使用工具栏中的 字（文字工具），在绘图区输入字母"v"，在属性栏中更改字的大小为 100 pt，将字体更改为 ChildrenBats，即可显示出卡通小孩的图案，如图 3-112 所示。（提示：该字体非系统自带，须从字体下载网站下载并安装。）

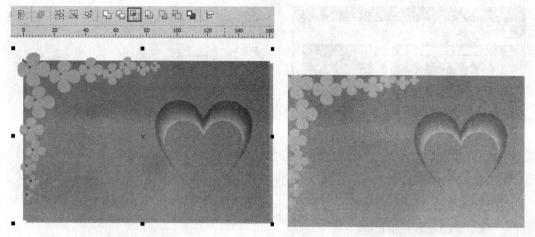

图 3-110　相交　　　　　　　　　图 3-111　删除多余图形

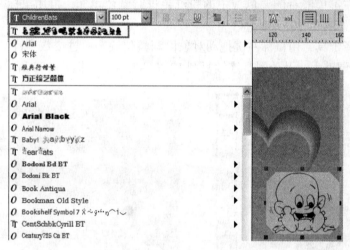

图 3-112　设置 ChildrenBats 字体

14）使用工具栏中的 **字**（文字工具），在绘图区输入"母亲节"，在属性栏中更改字体为"经典行楷繁"，字号为 40 pt，如图 3-113 所示。使用同样的方法输入"快乐"并在属性栏中更改字体、大小及位置，如图 3-114 所示。

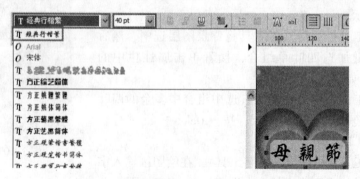

图 3-113　输入文字

15）使用工具栏中的 ⬡（立体化工具），拖动对象，调整立体方向及效果，如图 3-115 所示。然后在属性栏中设置立体化颜色为深桃红到浅桃红的渐变，如图 3-116 所示。

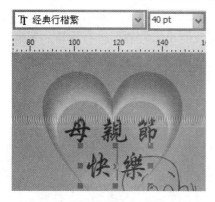

图 3-114　设置字体

图 3-115　立体化

16）使用工具栏中的 ▨（选择工具）选择心形图层，然后按住〈Shift〉键加选文字图层。此时会出现一个缩放控制框，如图 3-117 所示。松开〈Shift〉键，再次单击对象，缩放空间将变成旋转控制框，如图 3-118 所示。用鼠标左键拖动缩放控制框角上的控制点，对选中对象进行旋转，如图 3-119 所示。

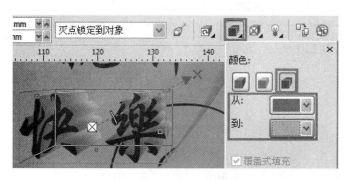

图 3-116　设置渐变颜色

图 3-117　选择

图 3-118　旋转控制

图 3-119　旋转角度

17）选择心形，然后按数字键盘区的〈+〉键，复制出一个心形，将复制出来的心形移动位置并且调整大小至如图 3-120 所示；接着使用工具栏中的 **字**（文字工具）在绘图区输入"妈"字，调整字体大小并旋转角度，然后在调色板将其颜色改为粉红色，如图 3-120 所示。

18）使用工具栏中的 （选择工具），选择小心形，按住〈Shift〉键加选"妈"字图层，然后按数字键盘区的〈+〉键进行复制，并将复制出来的心形进行旋转，调整位置及大小，如图 3-121 所示。

图 3-120　复制心形　　　　　　　　　　　　　　图 3-121　复制

19）使用工具栏中的 **字**（文字工具），在绘图区输入文字"您的拥抱最温暖　无论我离您多远　心依旧眷恋着您。"，然后在属性栏中设置字体为"微软简魏碑"，字体为 18 pt，如图 3-122 所示。按〈Ctrl+T〉组合键调出"文字属性"泊坞窗，将填充类型调整为均匀填充，颜色调整为粉红色，行距调整为 130.0%，如图 3-123 所示。

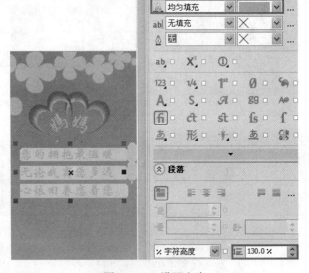

图 3-122　输入文字　　　　　　　　　　　　　　图 3-123　设置文字

20）使用工具栏中的 **字**（文字工具），在绘图区输入文字"Happy Mother's Day"，然后在属性栏中设置字体为"Embassy BT"，字号为 30 pt，如图 3-124 所示。

21）将英文的颜色更改为粉红色，调整各图层位置及大小，完成贺卡正面制作，如图 3-125 所示。

图 3-124 输入文字

图 3-125 设置字体颜色

3.4.4 贺卡背面绘制

1）按〈Ctrl+N〉组合键新建文档，更改新建文档属性，名称为"母亲节贺卡2"，单位为毫米，宽度为 160 mm，高度为 100 mm，横向摆放，颜色模式设置为"CMYK"，单击"确定"按钮完成新建文档，如图 3-126A 所示。

2）按〈Ctrl+I〉组合键导入"案例素材\CH03\3.4 实例2：母亲节贺卡1.png"素材文件。此时鼠标光标将变成一个直角，按住鼠标左键拖动，绘制出导入图片的范围，松开鼠标即可完成图片导入，然后适当调整图片大小及位置，如图 3-126B 所示。

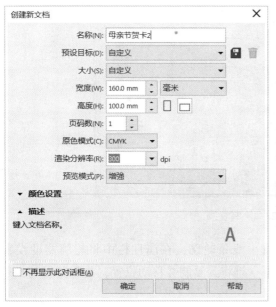

图 3-126 新建文档与导入素材

3）使用工具栏中的 ☲（透明度工具），然后在属性栏中将透明类型调整为辐射，在对象中进行透明效果处理，如图 3-127 所示。

4）使用工具栏中的钢笔工具，在绘图区绘制一个节点，然后按住〈Shift〉键，向右移动到线段合适长度处，双击鼠标左键绘制出直线轮廓，如图 3-128 所示。

图 3-127　透明度

图 3-128　绘制直线

5）使用工具栏中的 （选择工具），选中线条轮廓，在属性栏中将轮廓宽度设置为 1.0 mm。选择直线，然后按数字键盘区的〈+〉键将其复制并移动位置，共需要复制 6 条直线，如图 3-129 所示。

6）使用工具栏中的选择工具，同时按住〈Shift〉键将所有直线一一选上，然后在属性栏中单击"对齐与发布"图标，如图 3-130 所示。在弹出的泊坞窗中，将对齐模式更改为左对齐，将分布模式更改为垂直分散排列中心，如图 3-131 所示。

7）使用工具栏中的 **字**（文字工具），在绘图区输入文字 "HAPPY Mother's Day"，然后在属性栏中设置字体为 "Kaufmann BT"，字号为 36 pt，然后在右侧的调色板中用鼠标左键单击粉红色，将颜色设置粉红色，如图 3-132 所示。

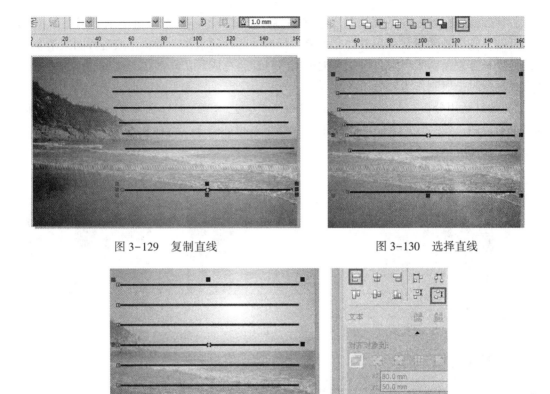

图 3-129　复制直线　　　　　　　　　　图 3-130　选择直线

图 3-131　对齐

8）使用工具栏中的 ![选择工具]（选择工具），选中线条轮廓后在属性栏中将轮廓宽度更改为 0.5 mm。调整好线条间隔，以方便书写祝福语，适当调整整体大小及位置，本例制作完毕，如图 3-133 所示。

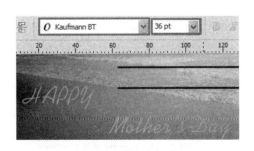

图 3-132　输入文字

图 3-133　背面最终效果

3.5　实例 3：书签设计

孔雀

3.5.1　案例分析

1）书签设计分析：书签是为了标记阅读进度而夹在书里的识别物。书签以各种形式存在着，有纸制书签、金属书签、叶脉书签等。本节讲解纸制书签的制作方法，纸制书签以各种形状存在着，有手形、脚形、各种动植物的形状，或各种图案形状。独特的外形具有较强的吸引力，但是大批量生产时却会造成裁切的困难与材料的浪费。所以当大批量生产时一般制作为较简洁的条形。

2）软件运用分析：本实例主要练习变形工具、艺术笔工具、透明度工具和图框精确剪裁命令的使用。最终效果如图3-134所示。制作过程如图3-135所示。

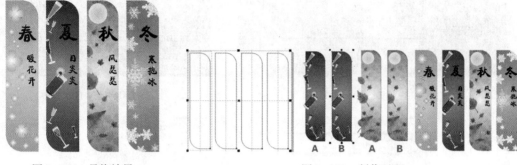

图3-134　最终效果　　　　　　　　　　　图3-135　制作过程

3.5.2　新建文档

1）打开CorelDRAW 2017，单击 ⬚（新建按钮，组合键为〈Ctrl+N〉），建一个新文档，如图3-136所示。

2）在弹出的"创建新文档"对话框中，设置名称为"书签设计"，大小设置为宽200 mm，高190 mm。横向摆放，颜色模式设置为CMYK，单击"确定"按钮完成新建，如图3-137所示。

图3-136　创建新文档

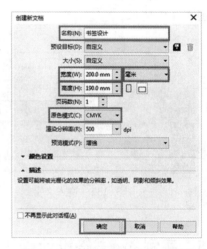

图3-137　"创建新文档"对话框

3.5.3　标签形状

1）使用工具栏中的□（矩形工具），绘制出一个矩形，在属性栏中调整参数，将矩形宽度调整为 40 mm，高度调整为 180 mm，如图 3-138 所示。

2）使用工具栏中的 ⟨（形状工具），按住〈Ctrl〉键的同时用鼠标左键拖动矩形角上变形控制点，将矩形右上与左下两个直角调整为圆角，如图 3-139 所示。

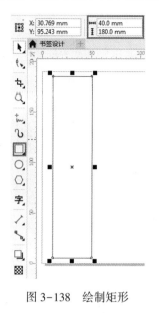

图 3-138　绘制矩形

图 3-139　圆角调整

3）使用工具栏中的 ▶（选择工具）选择矩形，然后按〈Ctrl+C〉组合键进行复制，接着再按〈Ctrl+V〉组合键粘贴，根据书签设计需要，共需要复制三个，如图 3-140 所示。

4）使用工具栏中的 ▶（选择工具），按住〈Shift〉键进行多选，选中所有标签轮廓，在属性栏中单击"对齐与发布"按钮，如图 3-141 所示。在弹出的泊坞窗中，将对齐模式设置为垂直居中对齐，将分布模式设置为右水平分散排列中心，如图 3-142 所示。

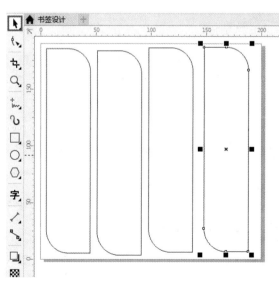

图 3-140　复制

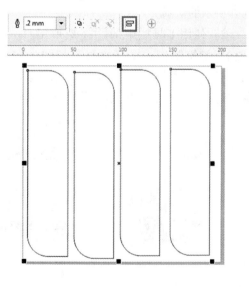

图 3-141　选择

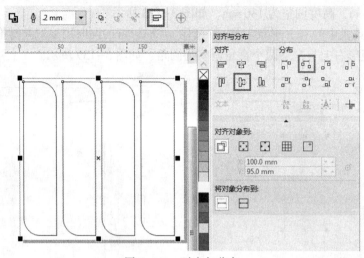

图 3-142　对齐与分布

3.5.4　书签——春

1）选择第一个标签轮廓，使用状态栏中的交互式填充工具中的  （交互填充工具），如图 3-143 所示。在弹出的对话框中设置渐变参数，将渐变类型更改为辐射，如图 3-144 中①处所示，颜色调和为双色，如图 3-144 中②处所示，从 CMYK 值 50,0,100,0 到 CMYK 值 15,0,100,0。单击"确定"按钮进行颜色渐变填充。单击颜色后面的下拉按钮，选择"更多"，在弹出的颜色面板中选择"模型"，如图 3-144 中③处所示，将模型更改为 CMYK，如图 3-144 中④处所示，更改 CMYK 值为 50,0,100,0，如图 3-144 中⑤处所示，单击"确定"按钮完成颜色选择，设置完毕，单击图 3-144 中⑥处所示的"确定"按钮。

图 3-143　渐变填充

2）使用工具栏中的 □ （矩形工具），结合 〈Ctrl〉键绘制出一个正方形，如图 3-145A 所示。然后使用工具栏中的 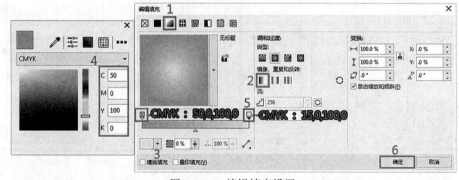（变形工具），对对象进行拖拽变形，使矩形变形为花朵形状，如图 3-145B 所示。

图 3-144　编辑填充设置

78

3）选择花朵，使用■（渐变填充工具），在弹出的对话框中设置渐变参数，将渐变类型更改为辐射，颜色调和为双色，从 CMYK 值 0,65,0,0 到 CMYK 值 0,0,0,0。然后单击"确定"按钮进行渐变填充，如图 3-146 所示。

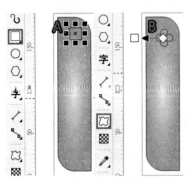

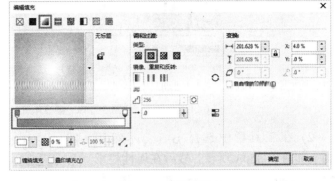

图 3-145　矩形与变形　　　　　　　　　　　　图 3-146　渐变填充

4）使用工具栏中的▶（选择工具）将花朵选中，按数字键盘区的〈+〉号键进行直接复制，然后调整其位置及大小，根据设计需要复制 14 朵小花，分别调整位置及大小，如图 3-147A 所示；继续使用工具栏中的选择工具，结合〈Shift〉键将花朵全部选中，单击属性栏上的"组合对象"按钮将花朵进行组合（组合键〈Ctrl+G〉），如图 3-147B 所示。

5）用鼠标右键单击右侧调色板中的⊠图标，去除轮廓。然后执行菜单命令"对象"/"PowerClip"/"置于图文框内部"，如图 3-148A 所示，此时鼠标光标将变成一个黑色箭头，单击第一张书签的背景图层，将其置于背景图层内部，如图 3-148B 所示。

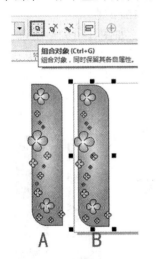

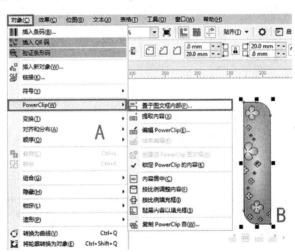

图 3-147　复制与组合对象　　　　　　　　　图 3-148　图框精确剪裁

3.5.5　书签——夏

1）选择第二个标签轮廓，单击交互式填充工具中的■（渐变填充工具），然后在弹出的对话框中更改渐变参数，将渐变类型设置为辐射，颜色调和为双色，从 CMYK 值 85,50,100,20 到 CMYK 值 60,0,60,0，然后单击"确定"按钮，如图 3-149 所示。

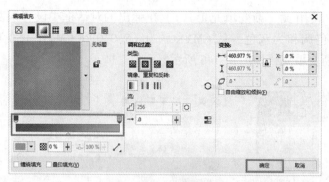

图 3-149 渐变填充

2）在工具栏中选择 ⌇（艺术笔工具），如图 3-150A 所示，然后在属性栏中选择"喷涂"，设置类别为食物，设置喷射图样为"饮料"，在空白处绘制一条线，绘制出一排"饮料"，如图 3-150B 所示。

3）使用工具栏中的 ▶（选择工具），用鼠标右键单击"饮料"，在弹出的快捷菜单中选择"拆分艺术笔组"命令将其进行拆分，如图 3-151A 所示。用鼠标左键单击空白处取消选择，再次用右键单击"饮料"，在弹出的快捷菜单中选择

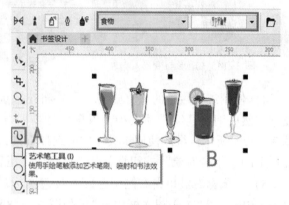

图 3-150 艺术笔

"取消组合对象"命令，将"饮料"拆分为独立图形，如图 3-151B 所示。

4）将每杯"饮料"移开进行重新调整位置、大小及方向，如图 3-152A 所示。按住〈Shift〉键进行加选，选中所有"饮料"的图层，然后按〈Ctrl+G〉组合键进行组合对象。接着执行菜单命令"对象"/"PowerClip"/"置于图文框内部"，此时鼠标光标将变成一个黑色箭头，单击第二张书签的背景图层，将图层置于图文框内部，如图 3-152B 所示。

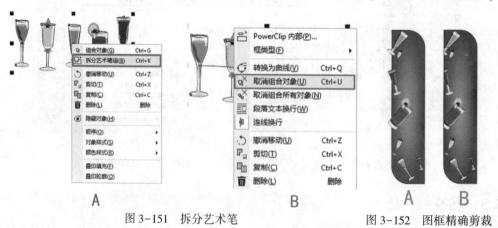

图 3-151 拆分艺术笔   图 3-152 图框精确剪裁

3.5.6 书签——秋

1）选择第三个标签轮廓，使用交互式填充工具中的 ▦（渐变填充工具）。在弹出的

对话框中设置渐变参数，将渐变类型设置为辐射，颜色调和为双色，从"秋橘红"（CMYK 值为 0,60,80,0）到"白黄"（CMYK 值为 0,0,40,0），然后单击"确定"按钮，如图 3-153 所示。

2）运用工具栏中的 （透明度工具），使部分对象透明，显示下层图层，如图 3-154 所示。

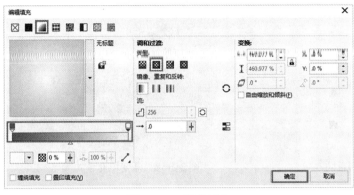
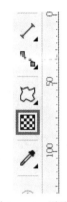

图 3-153　渐变填充　　　　　　　　　　　　图 3-154　透明度

3）在属性栏中将透明度类型更改为"位图图样"，将透明度图样更改为"枫叶图样"，如图 3-155 所示。

4）在属性栏中更改结束颜色的不透明度，将参数更改为 50，然后用鼠标左键拖动透明度控制框上的控制点，调整透明度，如图 3-156 所示。

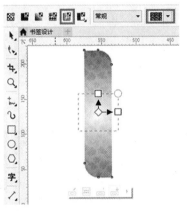
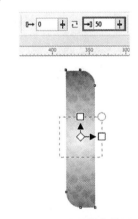

图 3-155　枫叶图样　　　　　　　　　　　　图 3-156　透明度参数设置

5）运用工具栏中的 ◯（椭圆形工具），按住〈Ctrl〉键绘制出一个正圆形，如图 3-157 所示。

6）在交互式填充工具中选择 ▨（渐变填充工具），如图 3-158 所示。在弹出的对话框中设置渐变类型为辐射，渐变调和为双色，从"浅黄"到"深黄"，单击"确定"按钮完成渐变填充，如图 3-159 所示。

7）在工具栏中选择 ◠（艺术笔工具）。在属性栏中设置类别为"植物"，喷射图样为"落叶"，在空白处绘制一条线，绘制出一排"落叶"，如图 3-160 所示。

8）使用 ▸（选择工具）选中"落叶"，然后按〈Ctrl+K〉组合键将艺术笔组进行拆分，接着再按〈Ctrl+U〉组合键取消组合，将每片"落叶"拆分为单独的图形；此时便可将每片"落叶"进行重新摆放，调整位置、大小及方向，如图 3-161A 所示。使用 ▶ (选择工具) 结合〈Shift〉键将一片片落叶全部选中，然后按〈Ctrl+G〉组合键进行组合。执行菜单命令"对象"/"PowerClip"/"置于图文框内部"，此时鼠标光标将变成一个黑色箭头，单击第三张书签的背景图层，将图层置于图文框内部，如图 3-161B 所示。

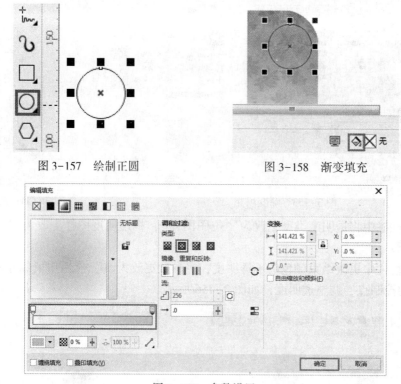

图 3-157　绘制正圆　　　　　　　图 3-158　渐变填充

图 3-159　参数设置

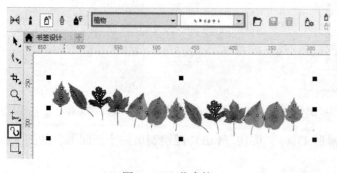

图 3-160　艺术笔　　　　　　　　图 3-161　图框精确剪裁

3.5.7　书签——冬

1）选择第四个标签轮廓，使用交互式填充工具中的 ▦ (渐变填充工具)。在弹出的对话框中设置渐变参数，将渐变类型设置为辐射，颜色调和为双色，从"青"（CMYK 值为 100，0，0，0）到"冰蓝"（CMYK 值为 40，0，0，0），然后单击"确定"按钮，如图 3-162 所示。

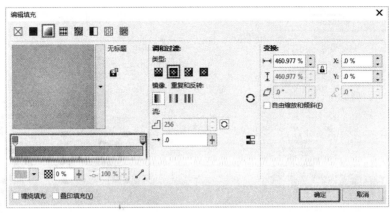

图 3-162　渐变填充

2）在工具栏中选择 （艺术笔工具），然后在属性栏中设置类别为"其他"，更改喷射图样为"雪花"，在空白处绘制一条线，绘制出一排"雪花"，如图 3-163 所示。

3）使用工具栏中的 （选择工具）选中"雪花"，然后按〈Ctrl+K〉组合键拆分艺术笔组，接着再按〈Ctrl+U〉组合键将雪花取消组合；经过拆分和取消组合的雪花已经可以单独编辑了，使用选择工具重新调整每一朵雪花的大小、位置及方向，如图 3-164A 所示；使用工具栏中的选择工具，结合〈Shift〉键将雪花全部选中，然后按〈Ctrl+G〉组合键进行组合，执行菜单命令"对象"/"PowerClip"/"置于图文框内部"，此时鼠标光标将变成一个黑色箭头，单击第三张书签的背景图层，将图层置于图文框内部，如图 3-164B 所示。

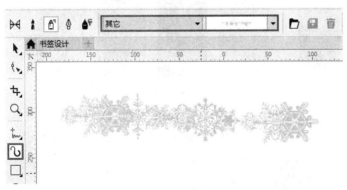

图 3-163　绘制雪花

图 3-164　置于图框内部

3.5.8　调整完成

1）使用工具栏中的 字（文字工具），在"书签——春"上输入文字"春"，在属性栏中设置大小为 72 pt，字体为"方正康体简体"，如图 3-165 所示。

2）使用工具栏中的 字（文字工具），在"书签——春"上输入文字"暖花开"，选择文字"暖花开"，在属性栏中更改文字方向，单击"将文本更改为垂直方向"图标，如图 3-166 所示。在属性栏中设置大小为 36 pt，字体为"方正康体简体"，如图 3-167 所示。

3）按照以上方法，在"书签——夏"上输入文字"夏日炎炎"，在"书签——秋"上输入文字"秋风瑟瑟"，在"书签——冬"上输入文字"冬寒抱冰"，如图 3-168 所示。

图 3-165　输入文字

图 3-166　输入文字

图 3-167　设置字体字号

图 3-168　输入文字

4）使用工具栏中的 ▲（选择工具），选中所有对象后在右侧的调色板中用鼠标右键单击 ⊠，去除轮廓。调整局部大小及位置，使整体更加协调，完成本例制作，如图 3-169 所示。

图 3-169　最终效果

第4章 CorelDRAW 2017 杂志广告设计

4.1 认识杂志广告

彩虹效果

4.1.1 杂志广告的特性

1）刊登在杂志上的广告为杂志广告。

2）杂志广告的优点有：①易保存，可重复阅读，广告有效时间长；②有明确的读者对象；③杂志的发行量大，覆盖面广，有固定读者群；④图文并茂，印刷精美；⑤杂志可利用的篇幅多，没有限制，可供广告主选择，并施展广告设计技巧。

3）杂志广告的缺点有：①时效性差；②区域针对性差，广告影响力受局限；③针对性强，读者单一；④制造成本较高；⑤杂志出版周期长，经济信息不易及时传递。

4.1.2 杂志广告的规格与要求

1）杂志广告的规格：①杂志广告大小有 32 开、大 32 开、16 开、大 16 开和 8 开等几种，其中大 16 开为国际流行规格；②杂志广告一般刊登在封二（封面背面）、封三（封底背面）、封底和中间双面；③杂志广告分辨率应在 300 dpi 以上；④杂志广告应预留 3 mm 出血位，即开本时应在一般大小基础上长宽各加 6 mm；⑤广告图片格式为：PDF、AI、EPS、TIF、PSD、JPG（矢量格式为佳）；⑥色彩模式：CMYK。

2）杂志广告的要求有：①运用专业化设计，明确需求对象；②科学利用版面，讲究版面位置安排；③运用精美的设计，注意图文并茂；④发挥杂志的优势，突出广告的艺术特色。

4.2 CorelDRAW 2017 杂志广告设计技术详解

4.2.1 导入与简单调整位图

1）在菜单栏中执行"文件"/"新建"命令（组合键为〈Ctrl＋N〉），再执行"文件"/"导入"菜单命令（组合键为〈Ctrl+I〉），如图 4-1 所示。

2）选择案例素材中的"CH04\4.2 技术：CorelDRAW 2017 杂志广告设计技术详解1.JPG"素材文件，单击"导入"按钮，如图 4-2 所示。

3）此时鼠标光标将变成一个直角和一些文字，按住鼠标左键拖动，绘制出导入图片的范围，如图 4-3A 所示，松开鼠标完成图片导入，如图 4-3B 所示。

图 4-1　导入

图 4-2　导入对话框

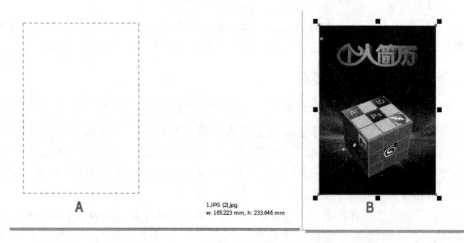

图 4-3　导入操作

4.2.2　调整位图的颜色和色调

1）在菜单栏中执行"位图"／"图像调整实验室"命令，如图 4-4 所示。

2）弹出"图像调整实验室"对话框，如图 4-5 所示。在图像调整实验室中调整温度、淡色和饱和度的参数，或单击"自动调整"按钮，如图 4-6 所示。

3）单击"确定"按钮即可完成位图的颜色及色调的调整。

图 4-4　图像调整实验室

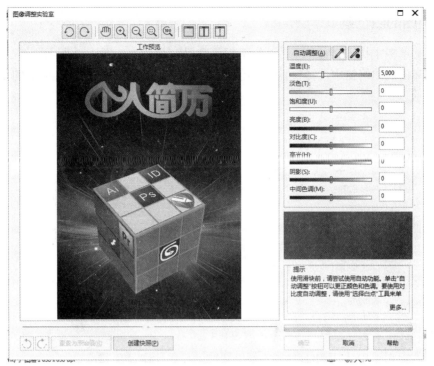

图 4-5 "图像调整实验室"对话框

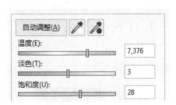

图 4-6 色彩调整

4.2.3 调整位图的色彩效果

在菜单栏中执行"位图"/"图像调整实验室"命令。在弹出的"图像调整实验室"对话框中可以设置亮度、对比度、高光、阴影及中间色调的参数,如图 4-7 所示。

效果如图 4-8 所示。

图 4-7 参数修改

图 4-8 调整后效果

4.2.4 位图的颜色遮罩

1）在菜单栏中执行"位图"/"位图颜色遮罩"命令，如图 4-9 所示。

2）在弹出的泊坞窗中选择"隐藏颜色"单选按钮，勾选"彩色条"前面的复选框，如图 4-10 所示。

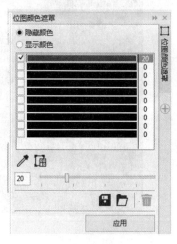

图 4-9　位置颜色遮罩　　　　　　　　图 4-10　隐藏颜色

3）单击"吸色器"图标，选取位图所需要隐藏的颜色，选取所需要遮罩的颜色，单击"确定"按钮完成色彩选择，如图 4-11 所示。

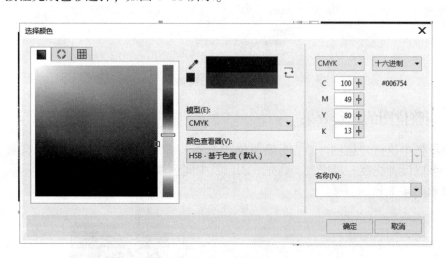

图 4-11　选择颜色

4）通过"位图颜色遮罩"选项设置遮罩色的近似范围，可直接更改数值或拖动滑块，如图 4-12 所示。

5）完成以上步骤后，颜色遮罩效果如图 4-13 所示。

图 4-12　更改近似范围

6）在"位图颜色遮罩"窗口中如果出现"显示颜色"，则只显示所定的颜色范围，如图 4-14 所示。

图 4-13　颜色遮罩效果　　　　　　　　　　图 4-14　显示颜色

4.2.5　描摹位图

1）在菜单栏中执行"位图"／"轮廓描摹"／"高质量图像"命令，如图 4-15 所示。

2）在弹出的对话框中单击"缩小位图"按钮，单击"缩小位图"可以编辑位图大小，如图 4-16 所示。

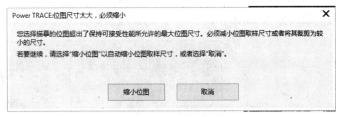

图 4-15　高质量图像　　　　　　　　　　　图 4-16　缩小位图

3）在"位图描摹"泊坞窗中可以更改类型及参数，更改描摹类型为"轮廓"，图像类型为"高质量图像"，如图 4-16 所示（提示：图像的质量越高，描摹出的图像越接近原图）。在"设置"选项卡中更改"跟踪控件"参数，将细节控制柄拉到最大值，平滑控制柄拉到 50，拐角平滑度控制柄为 0，如图 4-17 所示（提示：细节值越大，描摹出的图像越接近原图）。

4）在"颜色"选项卡中设置颜色模式为 CMYK 模式，颜色数为最大值，颜色排序依据为频率，如图 4-18 所示。

5）每一步操作都可以更新浏览框中的图像效果，如果对效果满意，可以单击"确定"按钮完成位图描摹，如图 4-19 所示。

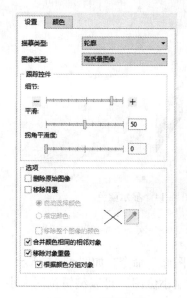

图 4-17　设置细节

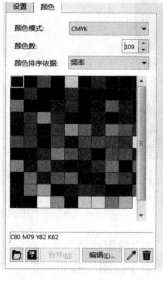

图 4-18　设置颜色

图 4-19　效果

4.3　实例1:《逐乐》杂志封面设计

4.3.1　创意与技术分析

1）封面设计分析：《逐乐》是一本关于音乐的杂志，所以设计师用音符、萨克斯等元素来做设计。在"逐乐"字体上使用艺术型字体，添加杂志细节，完成设计。

2）软件运用分析：本实例主要练习艺术笔工具、渐变效果、文本工具及形状工具的使用。最终效果如图 4-20 所示，制作过程如图 4-21 所示。

图 4-20　最终效果

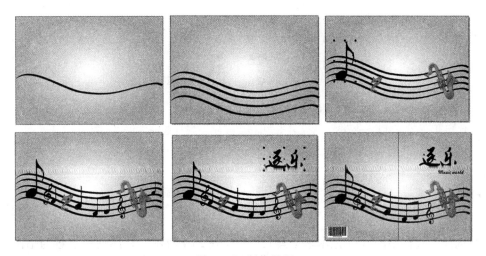

图 4-21　制作过程

4.3.2　新建文档

1）打开 CorelDRAW 2017，单击 🔳（新建按钮，组合键为〈Ctrl+N〉），建一个新文档，如图 4-22 所示。

2）设置新建文档属性，大小设置为宽 426 mm，高为 303 mm。横向摆放，颜色模式设置为 CMYK，单击"确定"按钮完成新建，如图 4-23 所示。

图 4-22　创建新文档

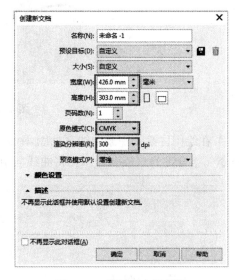

图 4-23　设置新文档属性

4.3.3　背景及五线谱绘制

1）双击工具栏中的 🔲（矩形工具），绘制一个与绘图区大小一致的矩形，然后选择 ■（渐变填充）工具，在弹出的"编辑填充"对话框中设置类型为辐射，颜色调和为双色，从"香蕉黄"（CMYK 值为 0,0,60,20）到"白"（CMYK 值为 0,0,0,0），如图 4-24 所示。

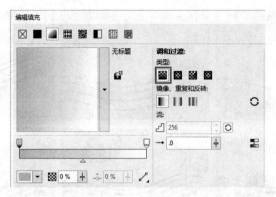

图 4-24　渐变设置

2）选择工具栏中的 ✎（艺术笔工具），如图 4-25A 所示。在属性栏设置为书法，笔触宽度为 6 mm，如图 4-25B 所示。

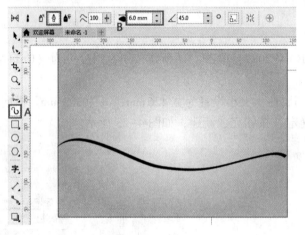

图 4-25　艺术笔

3）在绘图区绘制一条曲线，如图 4-26 所示。然后执行"对象"/"拆分艺术笔组"菜单命令（组合键为〈Ctrl+K〉），将曲线与引导线拆分开，如图 4-27 所示。

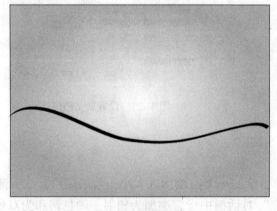

图 4-26　绘制曲线

图 4-27　折分艺术笔组

4）使用工具栏中的 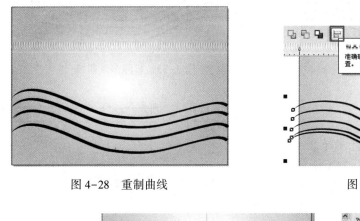（选择工具）选中曲线，然后按数字键盘区的〈+〉键4次，将曲线重制4条并移动其位置，如图4-28所示。

5）选中所有曲线，单击属性栏中的"对齐与分布"图标，如图4-29所示。在弹出的泊坞窗中设置对齐为"水平居中对齐"，分布为"垂直分布排列中心"，效果如图4-30所示。

图4-28 重制曲线

图4-29 对齐与分布

图4-30 水平居中对齐与垂直分布排列中心

6）选择全部曲线，按〈Ctrl+G〉组合键将曲线进行组合对象，如图4-31所示。先选择背景图层，然后按住〈Shift〉键，用鼠标左键单击曲线图层进行加选，单击属性栏中的"相交"图标，从两个对象重叠的区域创建新对象，如图4-32所示。

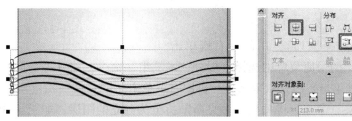

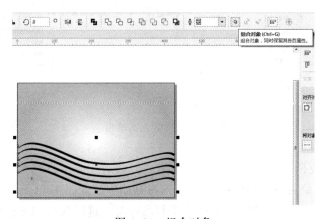

图4-31 组合对象

7）选择原始曲线，单击〈Delete〉键将其删除，如图4-33所示。

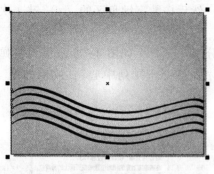

图 4-32　相交

图 4-33　删除多余曲线

4.3.4　音符及装饰绘制

1）在工具栏中选择 ✎（艺术笔工具），在属性栏中选择"喷涂"，如图 4-34A 所示。设置类别为"音乐"，更改喷射图样为"萨克斯"，如图 4-34B 所示。在空白处绘制一条线，绘制出一排"萨克斯"，效果如图 4-34B 所示。

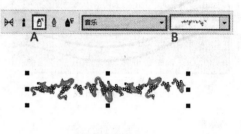

图 4-34　艺术笔

2）使用 ▶（选择工具），用鼠标右键单击"萨克斯"，在弹出的快捷菜单中选择"拆分艺术笔组"命令，将其进行拆分，如图 4-35 左所示。用鼠标左键单击空白处取消选择，再用右键单击"萨克斯"，在弹出的快捷菜单中选择"取消组合对象"命令，将每把"萨克斯"拆分为独立的图层，如图 4-35 右图所示。

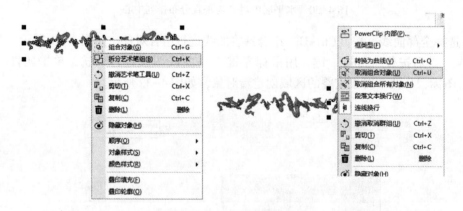

图 4-35　拆分艺术笔组

3）将一把"萨克斯"移到五线谱上，调整"五线谱"高度，调整萨克斯的位置、大小及方向。选中其他"萨克斯"，按〈Delete〉键将其删除，如图 4-36 所示。

4）使用工具栏中的 ✎（贝塞尔工具）绘制出音符，进行颜色填充，然后在右侧的调色板中用鼠标左键单击黑色，如图 4-37 所示。

5）适当调整音符的大小、位置及方向，采用相同的绘制方法绘制出其他音符形状，如图 4-38 所示。

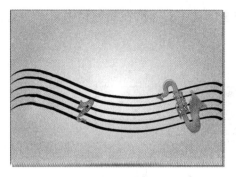

图 4-36　调整萨克斯

图 4-37　绘制曲线

4.3.5　书名编辑

选择工具栏中的 字（文本工具），在绘图区输入"逐乐"，在属性栏中更改大小为 162 pt，字体为"叶根友毛笔行书 2.0 版"，如图 4-39 所示。

图 4-38　绘制其他音符

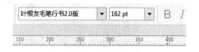

图 4-39　输入文字

4.3.6　条形码绘制

1）在菜单栏中执行"对象"/"插入 QR 码"命令，如图 4-40 所示。弹出"条码向导"对话框，输入任意一组数字，可根据需要调整字体及条码大小等，如图 4-41 所示。

图 4-40　插入条码

图 4-41　"条码向导"对话框

2）按住〈Shift〉键，用鼠标左键将所有音符全部选中，然后在属性栏中单击"合并"图标，如图4-42所示。

图4-42　合并

3）接下来给五线谱及音符填充颜色。先将无须改变的文字和乐器图案锁定，锁定效果如图4-43所示。

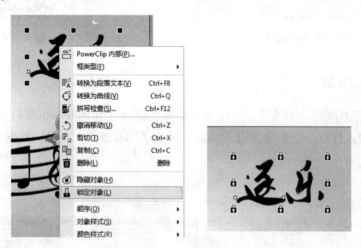

图4-43　锁定效果

4）选择五线谱和音符，然后按〈Ctrl+G〉组合键将准备填充的部分组合在一起，选择 ■（渐变填充）工具，在弹出的编辑填充对话框中设置类型为辐射，颜色调和为双色，从"砖红色"（CMYK值为47,99,100,23）到"紫色"（CMYK值为79,65,0,0），如图4-44所示，渐变效果如图4-45所示。

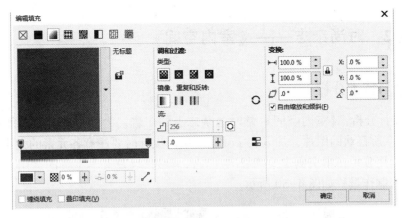

图 4-44　编辑填充

5）在工具栏中选择文字工具 字，进行标题文字编辑。用鼠标左键单击绘图区，输入文字"Music World"，在属性栏中设置字体为"Freehand521 BT"，字号为 36 pt，如图 4-46 所示。

图 4-45　渐变效果

图 4-46　输入文字

6）在工具栏中选择手绘工具 ，结合〈Shift〉键，绘制一条直线，将位置调整为正中间，将封面和封底分开，如图 4-47 所示。

7）在工具栏中选择文字工具 字，分别输入封面设计、责任编辑等书籍装帧设计的基本要素。在工具栏中选择选择工具 ，适当调整各要素的位置及大小，完成本例制作，如图 4-48 所示。

图 4-47　绘制直线

图 4-48　完成效果

4.4 实例2：时尚杂志——《室内空间》

4.4.1 创意与技术分析

1）广告设计分析：《室内空间》是时尚杂志上的广告。为吸引读者，必须选取较为精致、时尚、大众所喜欢的图片，加以文字介绍。版面设计时要注意各元素的大小与疏密等。

2）软件运用分析：本实例主要练习图片导入，形状以及文本工具的运用。最终效果如图4-49所示，制作过程如图4-50所示。

图4-49 最终效果

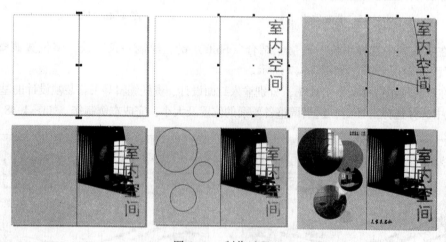

图4-50 制作过程

4.4.2 新建文档

1）打开 CorelDRAW 2017，单击▣（新建按钮，组合键为〈Ctrl+N〉），建一个新文档，在弹出的"创建新文档"对话框中设置名称为"室内空间"，大小设置为宽426 mm，高

303 mm。横向摆放，颜色模式设置为 CMYK，分辨率为 300 dpi，单击"确定"按钮完成新建，如图 4-51 所示。

2）在工具栏中选择 2 点线工具 ，结合〈Shift〉键用鼠标左键进行拖动，绘制一条直线，如图 4-52 所示。

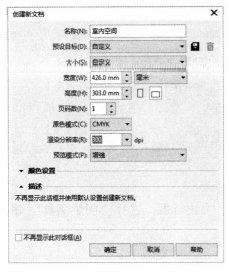

图 4-51　创建新文档

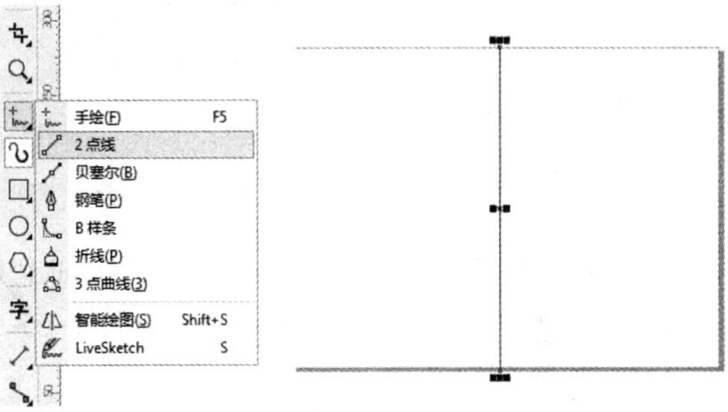

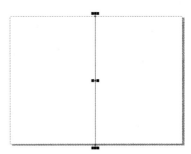

图 4-52　绘制直线

3）利用工具栏中的选择工具 ，选中直线，调整其大小及位置，将其移至绘图区正中间，将绘图区平分为两半，如图 4-53 所示。

4.4.3　文字排版

1）在工具栏中选择文字工具 字 ，输入"室内空间"，字体为"黑体"，字体大小为 150 pt，如图 4-54 所示。

图 4-53　调整位置

图 4-54　绘制文字

2）在工具栏中选择选择工具 ![icon]，选中"室内空间"，在右下角的"编辑填充"对话框中选择"向量图像填充"中的"复古圆圈"，如图4-55所示。

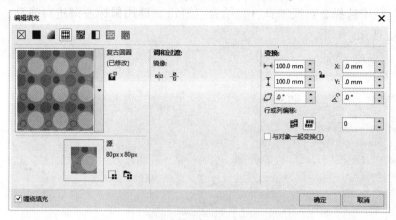

图4-55　编辑填充

3）填充效果如图4-56所示。再给文字加上投影，突出标题。选择"阴影工具" ![icon]，选中文字，将阴影工具向右下角拖动，如图4-57所示。

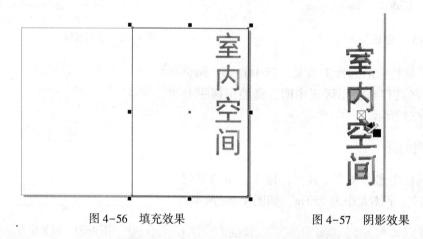

图4-56　填充效果　　　　　　　　　图4-57　阴影效果

4）给整个页面填充一种比较柔和的颜色作为底色，选中整个页面，在"编辑填充"对话框中选择"均匀填充"，填充淡蓝色（C:31,M:0,Y:7,K:0），如图4-58所示。

图4-58　填充底色

5）调整图层顺序，将底色调整到最后一层，选中对象，用鼠标右键单击并在弹出的快捷菜单中选择"顺序"→"到图层后面"命令，如图 4-59 所示。

图 4-59　调整图层顺序

4.4.4　图片导入

1）在导入图片前，可以使用 2 点线工具 ✐ 来制作一个形状，将图片导入形状中，而不是简单的一张图片导入。使用 2 点线工具 ✐ 来制作一个不规则的四边形，如图 4-60 所示。

2）执行菜单命令"文件"／"导入"（组合键为〈Ctrl+I〉），选择"案例素材\CH04 4.4　实例 2：时尚杂志——《室内空间》1"素材文件，单击"导入"按钮将素材导入，然后用选择工具 ▶ 调整素材大小，将制作的不规则形状放在素材上（注意顺序，形状在素材上面），选择想要的素材部分，将两者选中，并在属性栏中单击"相交"图标得到修剪后的形状素材，如图 4-61 所示。

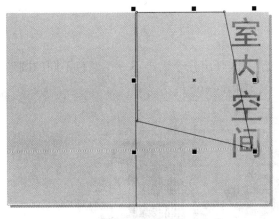

图 4-60　制作形状

图 4-61　选择素材

3）单击"相交"图标后，得到经过改良的图片素材，可以将原图与不规则形状删掉，留下修剪过的形状，调整好位置和大小，如图 4-62 所示。

4）在页面的左边也使用同样的方法，先制作出形状，如选择"椭圆形工具" ⊙ 画出几个大小不一的圆形，如图 4-63 所示。

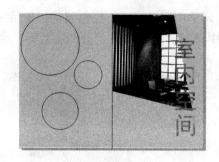

图 4-62　调整　　　　　　　　　　　图 4-63　制作形状

5）在菜单栏中执行"文件"/"导入"命令（组合键为〈Ctrl+I〉），分别导入"案例素材\CH04"中的"2""3""4"三张照片素材，调整照片素材的顺序（圆形在照片素材的上面），选中照片与圆形（一张照片与一个圆形），在属性栏中单击"相交"图标，得到修剪后的圆形素材，如图 4-64 所示。

最后效果如图 4-65 所示。

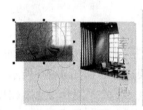

图 4-64　调整素材　　　　　　　　　　　图 4-65　效果图

注意：将圆形放在素材想要剪切的位置，并选中两者，再单击"相交"图标，剪切后可将原素材与形状删除，留下修改形状后的素材，每次最好只选中一组：一张照片和一个形状，避免出错。

4.4.5　丰富页面

1）在工具栏中选择椭圆形工具 ，在绘图区画出几个大小不一、颜色不同的圆形，调整它们的透明度，作为丰富页面的元素之一，如图 4-66 所示。

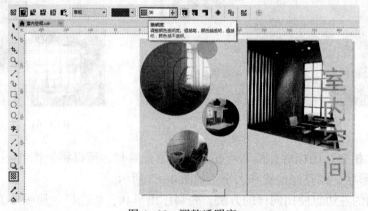

图 4-66　调整透明度

2）选择文字工具 字，输入"美家杂志社"，字体为"叶根友毛笔行书2.0版"，字体大小为"36 pt"，如图 4-67 所示。

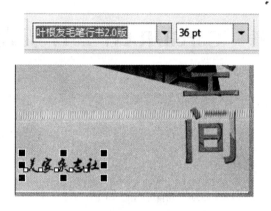

图 4-67 输入文字

3）利用工具栏中的选择工具 ，适当调整整体位置及大小，完成本例制作，如图 4-68 所示。

图 4-68 调整完成

第5章　CorelDRAW 2017 版式设计

5.1　认识版式设计

5.1.1　报纸版式设计要求

在进行报版设计前，设计师必须了解的内容如下。

1. 尺寸规格

报纸一般是四开，对折以后则为八开。八开的规格为 540 mm×390 mm，左右各空 20 mm，上下边各空 25 mm，版心尺寸一般为 490 mm×350 mm。

2. 明确纸张类型

报纸一般印刷在新闻纸上，也可以用铜版纸印刷。明确纸张类型，可在执行排版设计时避免很多问题。最重要的就是用色，报纸很忌讳花花绿绿的版面，颜色越清爽越好，所以做报纸设计一定要注意用色，用的颜色越少越好。

5.1.2　杂志版式设计要求

1. 尺寸规格

一般用于书刊印刷的全张纸的规格有以下几种：

787 mm×1092 mm、850 mm×1168 mm、880 mm×1230 mm、889 mm×1194 mm 等。

2. 明确纸张类型

通常杂志印刷 105～300 g 重的纸张都行，选择纸张厚度时要充分考虑纸张数。52 张周历不宜选超过 200 克的纸张，超过 200 克台历线圈难以配套，7 张双月历最好不要选择 157 克以下的纸，这样显得单薄。25 张半月历如果选用 300 克的纸不用三角台历架，否则头重脚轻，立不稳。

5.2　实例1：《艺术设计报》版式设计

随着报纸行业的不断发展，其形式也在不断演变和发展。随着人们生活水平的提高，人们对报纸的要求越来越趋向于简洁、直观。

5.2.1　案例分析

本实例重点学习的内容有矩形工具、文本工具（分栏等技术）、贝塞尔工具等。

本实例以设计一幅艺术设计报进行举例解说。从报纸的版式模板到整张报纸进行一系列的详细分解，其中就以版式设计为重点。本实例对于报纸版头设计来说极具参考价值，稍加调整即可用于商业案例中。本例最终效果如图 5-1 所示，过程图如图 5-2 所示。

图 5-1　最终效果图

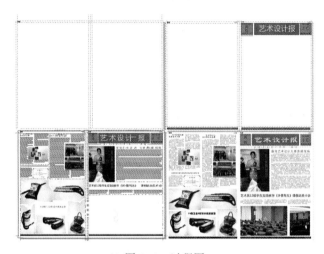

图 5-2　过程图

5.2.2　版式设定

1）执行"文件"／"新建"菜单命令（组合键为〈Ctrl+N〉），创建新文件，设置文件名称为"艺术设计报"，宽度为 545.0 mm，高度为 393.0 mm，版式为横向，原色模式为 CMYK，渲染分辨率为 300 dpi，然后单击"确定"按钮，完成新文档创建，如图 5-3 所示。

2）确定"视图"菜单中的"标尺"及"辅助线"被勾选，然后选择工具栏中的选择工具，在绘图区拖动绘制出辅助线，用鼠标左键双击绘图区中间的竖直辅助线，弹出"选项"对话框，设置垂直参数为 274.292 mm，以确保所绘图位于绘图区正中央，然

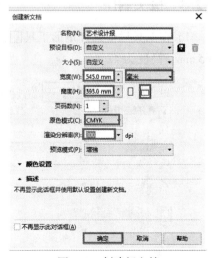

图 5-3　创建新文档

后单击"确定"按钮，如图 5-4 所示。

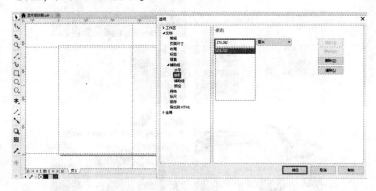

图 5-4 视图

3）继续使用选择工具 ，完成辅助线设置，如图 5-5 所示。

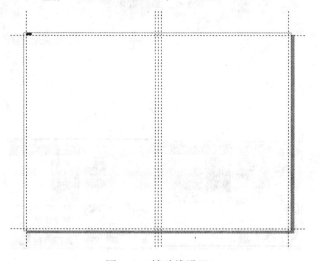

图 5-5 辅助线设置

5.2.3 报头制作

1）在工具栏中选择矩形工具 ，然后在左侧绘制一个图 5-6 所示的矩形，设置宽度为 165 mm，高度为 42 mm。

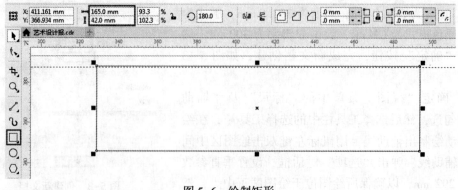

图 5-6 绘制矩形

2）选择绘制好的矩形，在右侧调色板中用左键单击红色（C：0；M：100；Y：100；K：0），如图5-7所示。

图5-7　填充红色

3）在工具栏中选择文本工具**字**，输入"艺术设计报"，并在属性栏中设置字体为"微软雅黑"，字号为71 pt，并在右侧调色板中用左键单击黄色（C：0；M：0；Y：100；K：0）如图5-8所示。

图5-8　输入文字

4）在工具栏中选择矩形工具▢，在图5-9所示的位置绘制一个矩形，并在属性栏中设置宽度为40 mm，高度为42 mm，然后按〈Ctrl+D〉组合键将矩形复制，使用选择工具将复制出来的矩形移至右侧，使两个矩形对称，如图5-9所示。

5）在工具栏中选择工具▸，结合〈Shift〉键选择两个小矩形，然后在右侧调色板中单击青色（C：100；M：0；Y：0；K：0），如图5-10所示。

6）选择工具栏中的文本工具**字**，输入日期并设置字体为"黑体"，字号为16 pt，颜色为黑色，如图 5-11 所示。

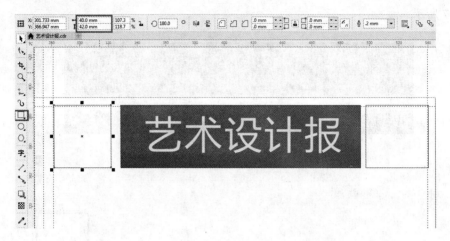

图 5-9　绘制矩形

图 5-10　填充青色

图 5-11　输入文字

7）继续使用文本工具**字**，输入"周四"，设置字体为"黑体"，字号为 36 pt，颜色为红色，如图 5-12 所示。

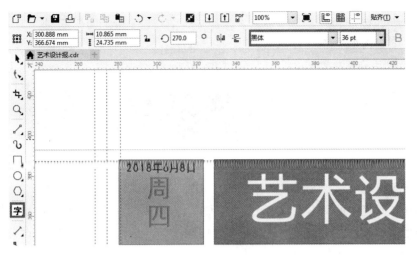

图 5-12　设置字体颜色

8）继续使用文本工具**字**，输入农历日期，如图 5-13 所示。

9）重复步骤 6~8，在报头右侧黑色矩形内输入期数等，如图 5-14 所示。

图 5-13　输入农历日期　　　　　　　　　　　图 5-14　输入文字

10）在工具栏中选择文本工具**字**，在报头下方输入"打·造·艺·术·设·计·界·第·一·报·业"，并设置字体为"宋体"，字号为 20 pt，如图 5-15 所示。

图 5-15　设置字体字号

11）在工具栏中选择 2 点线工具 ，并在属性栏中设置轮廓粗细为 0.2 mm，在"打·造·艺·术·设·计·界·第·一·报·业"两侧绘制直线，如图 5-16 所示。

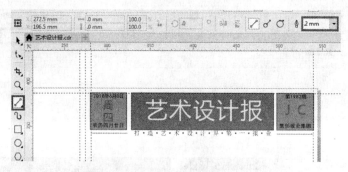

图 5-16 绘制直线

12）选择工具栏中的文本工具**字**，在版面左上方输入"头版"，然后在属性栏中设置字体为"微软雅黑"，字号为 14 pt，并在右上角用同样的方法输入"A01"并设置其属性，如图 5-17 所示。

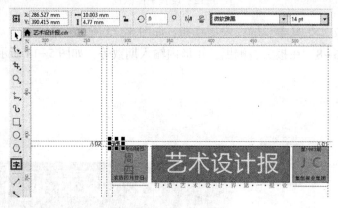

图 5-17 设置文字属性

13）选择工具栏中的矩形工具，在版面的右下方绘制一个矩形，在属性栏中设置矩形尺寸，宽为 259.059 mm，高为 6.8 mm，然后在右侧的调色板中用左键单击黑色，将其设置为黑色矩形，如图 5-18 所示。

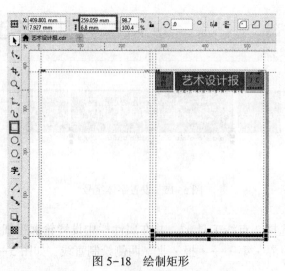

图 5-18 绘制矩形

14）选择工具栏中的文本工具**字**，在黑色矩形中输入联系电话等信息，如图5-19所示，并在属性栏中设置字体为"宋体"，字号为9pt，使用鼠标左键在右侧的调色板中单击白色，将文字设置为白色。

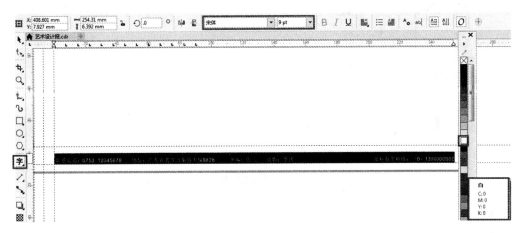

图5-19　输入文字

15）使用选择工具，选择报刊底部的信息栏，然后按〈Ctrl+C〉组合键将其复制，然后按〈Ctrl+V〉组合键将其粘贴并移动至副版的底部，如图5-20所示。

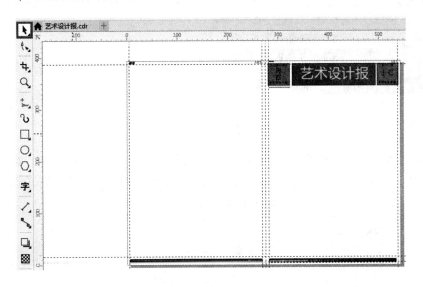

图5-20　复制矩形

5.2.4　图文的排版

1）选择工具栏中的文本工具**字**，在副版左上角绘制一个文本框，并在属性栏中设置其宽为120mm，高为133.742mm，如图5-21所示。

2）打开"案例素材\CH5\文本素材"素材文件，将文本素材复制至CorelDRAW 2017中的文本框中，然后在属性栏中设置字体为"宋体"，字号为12pt，如图5-22所示。

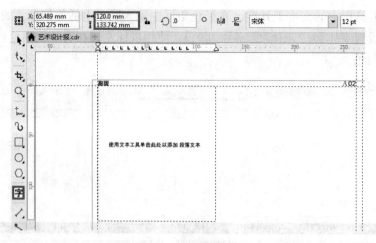

图 5-21　绘制文本框

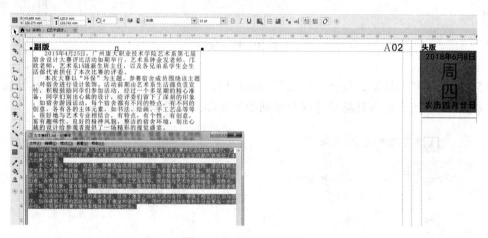

图 5-22　复制粘贴文字

3）选择文本框，然后执行"文本"／"栏"菜单命令，弹出"栏设置"对话框，设置栏数为 2，宽度为 58 mm，栏间宽度为 2 mm，选择"保持当前图文框宽度"单选按钮，然后单击"确定"按钮完成分栏设置，如图 5-23 所示。

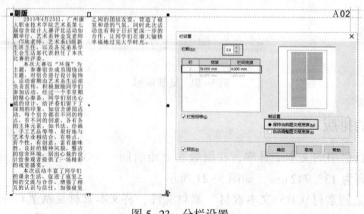

图 5-23　分栏设置

4）选择工具栏中的文本工具**字**，在文章前面输入标题，然后在属性栏中设置字体为"黑体"，字号为 18 pt，如图 5-24 所示。

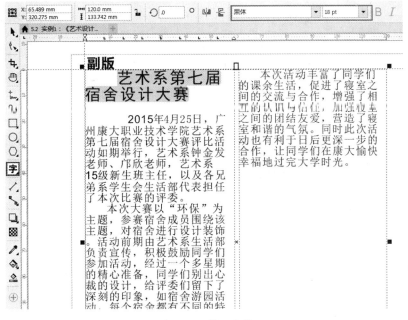

图 5-24　设置字体

5）执行"文件"／"导入"菜单命令（组合键为〈Ctrl+I〉），导入"案例素材\CH5\图片素材 1"素材文件，调整其位置与大小，并在"对象属性"泊坞窗中单击图 5-25 所示图标，然后设置为"轮廓图-跨式文本"，0.5 mm，如图 5-25 所示。

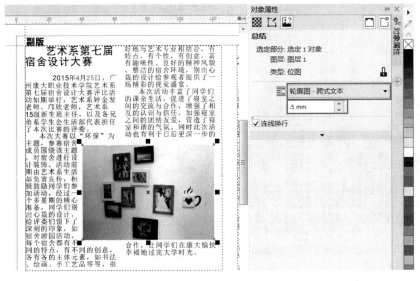

图 5-25　轮廓图

6）选择工具栏中的文本工具**字**，在图 5-26 所示的位置绘制一个文本框，并在属性栏中设置宽度为 130 mm，高度为 192 mm。

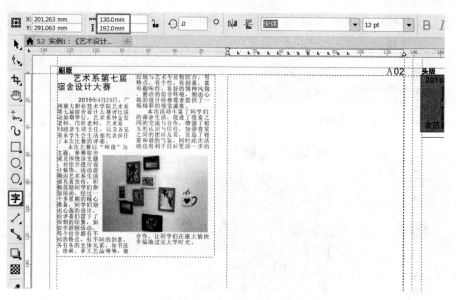

图 5-26　绘制文本框

7）打开"案例素材\CH05\文本素材 2"素材文件，将文章内容复制并粘贴到文本框中，设置字体为"宋体"，字号为 18 pt，如图 5-27 所示。

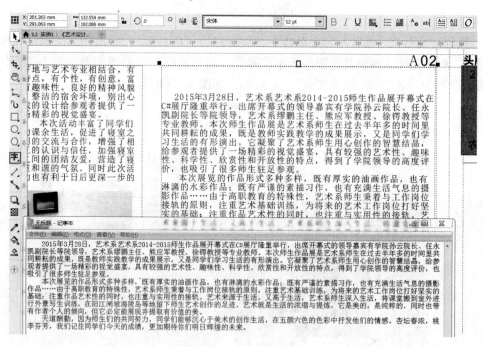

图 5-27　复制粘贴文本

8）选择文本框，然后执行"文本"／"栏"菜单命令，弹出"栏设置"对话框，设置栏数为 2，宽度为 65 mm，栏间宽度为 2 mm，选择"保持当前图文框宽度"单选按钮，然后单击"确定"按钮完成分栏设置，如图 5-28 所示。

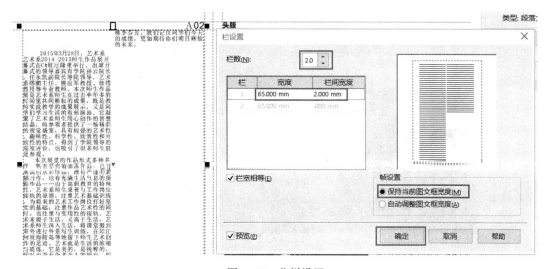

图 5-28 分栏设置

9）选择工具栏中的文本工具**字**，在文章前面输入标题，然后在属性栏中设置字体为"黑体"，字号为 18 pt，如图 5-29 所示。

图 5-29 设置文本属性

10）执行"文件"/"导入"菜单命令（组合键为〈Ctrl+I〉），导入"案例素材\CH05\图片素材 2"素材文件，利用选择工具 ↖ 调整其位置及大小，然后再执行"对象"/"对象属性"菜单命令，弹出"对象属性"面板，单击①处图标，设置为"轮廓图-跨式文本"，0.2 mm，如图 5-30 所示。

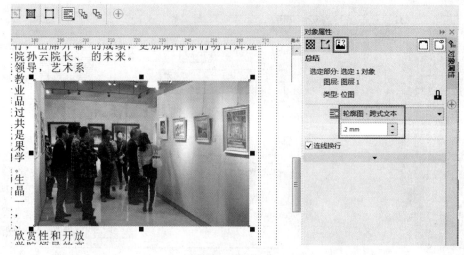

图 5-30　导入图片

11）导入"图片素材 3"素材文件，使用与步骤 10 同样的方法将其设置，如图 5-31 所示。

图 5-31　导入图片

12）选择工具栏中的文本工具**字**，在图 5-32 所示的位置绘制一个文本框，然后在属性栏中设置宽度为 120 mm，高度为 55 mm。

13）打开"案例素材\CH05\文本素材 3"素材文件，将其复制并粘贴到文本框内，如图 5-33 所示。

图 5-32　绘制文本框

图 5-33　复制粘贴文本

14）选择工具栏中的文本工具**字**，在文章前面输入文章标题，然后在属性栏中设置字体为"黑体"，字号为14 pt，如图5-34所示。

图 5-34　设置字体字号

15）执行"文件"／"导入"菜单命令（组合键为〈Ctrl+I〉），导入"案例素材\CH05\图片素材 4"素材文件，然后再执行"对象"／"对象属性"菜单命令，弹出"对象属性"面板，单击设置为"轮廓图-从左向右排列"，2.0 mm，调节素材大小并将其与文章组合，如图 5-35 所示。

图 5-35　轮廓图设置

16）执行"文件"／"导入"菜单命令（组合键为〈Ctrl+I〉），导入"案例素材\CH05\设计素描 1""设计素描 2""设计素描 3""设计素描 4""设计素描 5"素材文件，如图 5-36 所示。

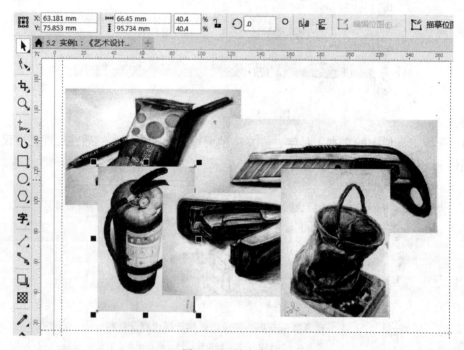

图 5-36　导入素材

17）使用工具栏中的选择工具▶，调整图片大小、位置，如图 5-37 所示。

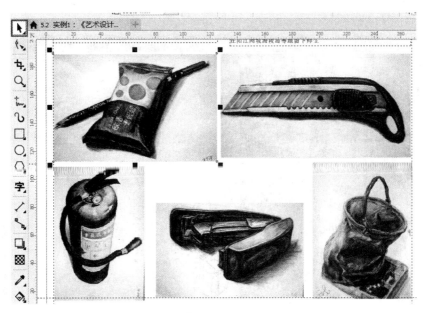

图 5-37　调整图片大小及位置

18）选择工具栏中的文本工具**字**，在图 5-38 所示的位置输入标题，并在属性栏中设置字体为"微软雅黑"，字号为 24 pt。

图 5-38　调整字体

19）执行"文件" /"导入"菜单命令，导入"案例素材\CH05\案例素材 5"素材文件，利用工具栏中的选择工具 ▶ 调整其大小及位置，如图 5-39 所示。

20）选择工具栏中的文本工具**字**，在图 5-40 所示的位置输入"服装艺术设计大赛表演现场"，然后在属性栏中设置字体为"宋体"，字号为 31 pt。

119

图 5-39　导入图片

图 5-40　输入文字

21）选择工具栏中的文本工具**字**，在属性栏中设置字体为"宋体"，字号为 12 pt，在图 5-41 所示的位置绘制一个文本框。

22）打开"案例素材\CH05\文本素材 4"素材文件，将文章内容复制至文本框中，如图 5-42 所示。

23）选择工具栏中的文本工具**字**，输入文章标题"艺术系 15 级学生实践教学《外景写生》课程动员大会"，并在属性栏中设置字体为"微软雅黑"，字号为 30 pt，如图 5-43 所示。

图 5-41　设置字体字号

图 5-42　复制粘贴文本

图 5-43　设置字体字号

24）选择工具栏中的文本工具**字**，在属性栏中设置字体为"宋体"，字号为 12 pt，在文章标题下方绘制一个文本框，然后打开"案例素材\CH05\文本素材 5"素材文件，将文章复制并粘贴到文本框内，如图 5-44 所示。

图 5-44　设置字体字号

25）选择文本框，然后执行"文本"／"栏"菜单命令，打开"栏设置"对话框，设置栏数为 3，宽度为 86 mm，栏间宽度为 2 mm，然后单击"确定"按钮，如图 5-45 所示。

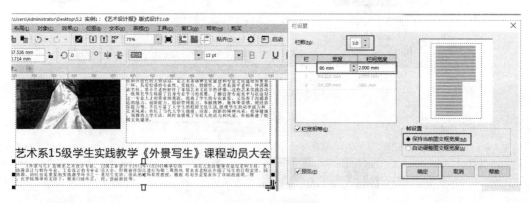

图 5-45　设置分栏

26）执行"文件"／"导入"菜单命令（组合键为〈Ctrl+I〉），导入"案例素材\CH05\图片素材 6"素材文件，使用工具栏中的选择工具　调整其大小及位置，如图 5-46 所示。

27）执行"文件"／"导入"菜单命令（组合键为〈Ctrl+I〉），导入"案例素材\CH05\图片素材 7"素材文件，然后使用工具栏中的选择工具　调整其大小及位置，如图 5-47 所示。

图 5-46　导入图片

图 5-47　导入图片

28）按〈Ctrl+A〉组合键，将文件全选，然后执行"文件"/"导出"菜单命令（组合键为〈Ctrl+E〉），可以根据要求导出所需的格式，最终效果如图 5-48 所示。

图 5-48　最终效果

5.3　实例 2：《集创文化传媒工作室》宣传版面设计

现在商业竞争激烈，各企业都通过精美的宣传版面设计来推广自己的产品。而 Corel-DRAW 恰恰是制作宣传版面的利器。宣传版面设计主要讲究版面现代简约、高端，文字图片组织有序，直观明了。

5.3.1　案例分析

1）本实例主要是宣传以图书编写为主的工作室，根据设计要求把工作室名称、工作简简介、工作室的主要作品列入设计范围，最终效果如图 5-49 所示。

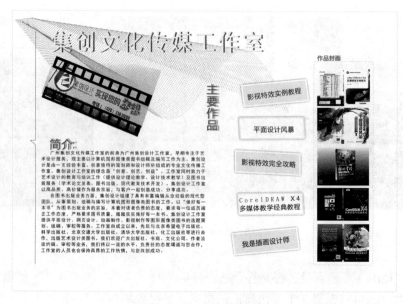

图 5-49　最终效果图

2）本实例主要用到的工具有手绘工具、调和工具、阴影工具、文本工具等，步骤图如图 5-50 所示。

图 5-50　步骤图

5.3.2　装饰图案绘制

1）运行 CorelDRAW 2017，执行"文件"/"新建"菜单命令（组合键为〈Ctrl+N〉），打开"创建新文档"对话框，设置名称为"《集创文化传媒工作室》宣传版面设计"，大小为 A4，横向，渲染分辨率为 300 dpi，然后单击"确定"按钮完成新文档创建，如图 5-51 所示。

2）选择工具栏中的折线工具，在属性栏中设置宽度为 0.176 mm，在绘图区左侧绘制一条图 5-52 所示的折线。

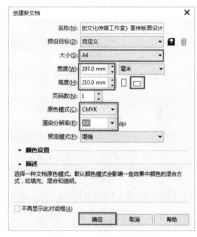

图 5-51　创建新文档

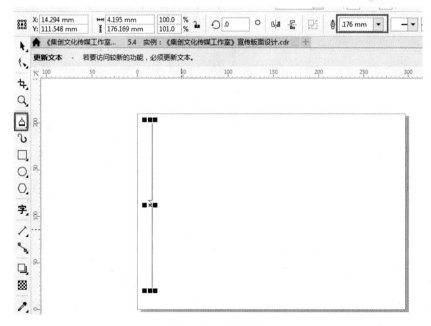

图 5-52　绘制折线

3）选择工具栏中的贝赛尔工具 ✐，在绘图区左上角绘制一条图5-53所示的曲线，然后在右侧的调色板中右键单击蓝色色块，将线条设置为蓝色。

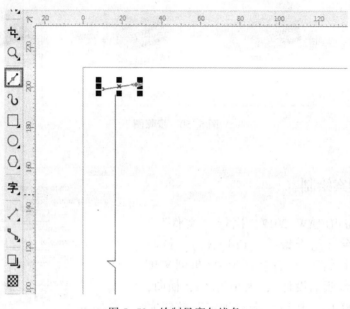

图5-53　绘制贝赛尔线条

4）选择工具栏中的贝赛尔工具 ✐，在绘图区左上角绘制一条图5-54所示的曲线，然后在右侧的调色板中右键单击粉蓝色块，将线条设置为粉蓝色，如图5-54所示。

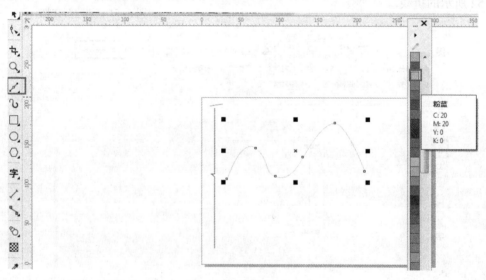

图5-54　绘制曲线

5）选择工具栏中的调和工具 ✎，并在属性栏中设置过渡数为100，然后在绘图区中从较短的曲线向长曲线上拖动，完成调和设置，如图5-55所示。

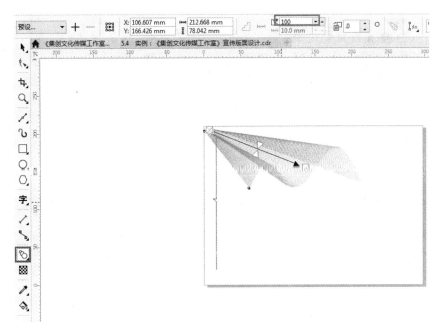

图 5-55　调和工具

6）选择工具栏中的折线工具△，然后在属性栏中设置轮廓粗细为 0.176 mm，然后在绘图区中绘制一个图 5-56 所示的形状。

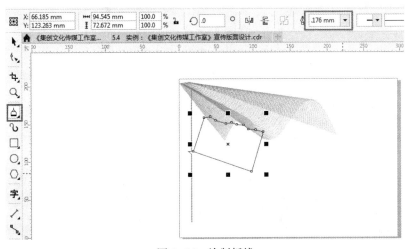

图 5-56　绘制折线

7）选中绘制好的形状，然后按〈F11〉键，弹出"编辑填充"对话框。在"编辑填充"对话框中单击①处设置类型为线性，接着单击②处填充颜色，单击③处将颜色调和为双色，设置从桔黄色到白色的渐变，如图 5-57 所示。

8）渐变填充后的效果如图 5-58 所示，选择该形状，然后用鼠标右键单击右侧调色板中的"无"将轮廓颜色去除。

9）选择工具栏中的透明工具▒，并在属性栏中设置为线性、常规，然后在渐变形状上拖动，设置为透明渐变，如图 5-59 所示。

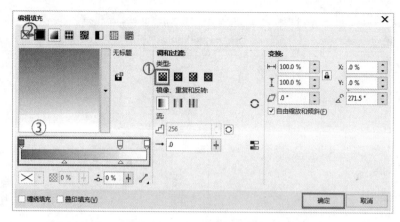

图 5-57　编辑填充

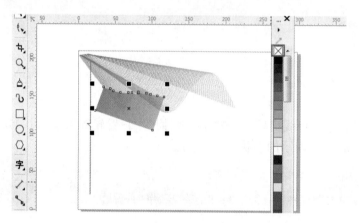

图 5-58　去除轮廓颜色

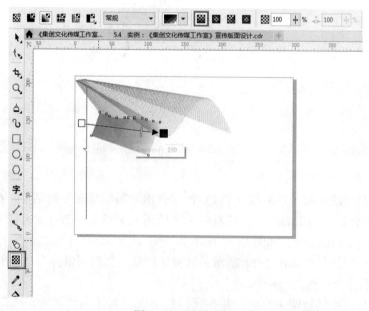

图 5-59　透明工具

5.3.3　胶片效果绘制

1）选择工具栏中的矩形工具□，在绘图区中绘制一个图 5-60 所示的矩形并在右侧的调色板中用鼠标左键单击黑色色块，将填充颜色设置为黑色。

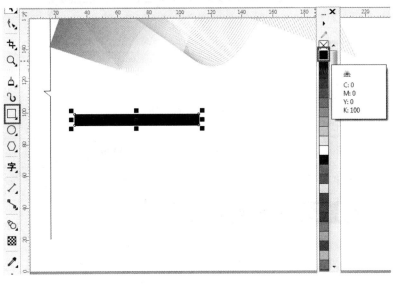

图 5-60　矩形绘制

2）选择工具栏中的矩形工具□，在黑色矩形上面绘制一个小矩形，并在右侧的**调色板**中用鼠标左键单击，将其填充颜色设置为白色，如图 5-61 所示。

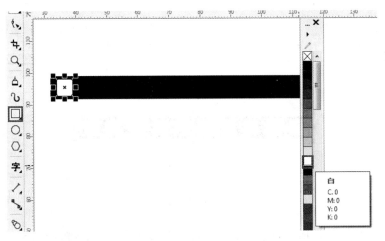

图 5-61　矩形绘制

3）选择小块的白色矩形，按〈Ctrl+C〉组合键进行复制，然后按〈Ctrl+V〉组合键粘贴，最后得到 10 个小矩形，如图 5-62 所示。

4）使用选择工具 ，框选矩形，执行"窗口"／"泊坞窗"／"对齐与分布"菜单命令，单击"居中对齐"及"平均分布"图标，如图 5-63 所示。

5）框选矩形，然后单击属性栏中的"简化"图标，如图 5-64 所示。

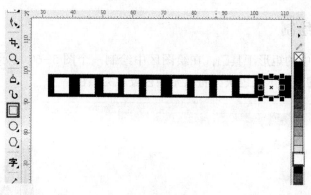

图 5-62　复制和粘贴

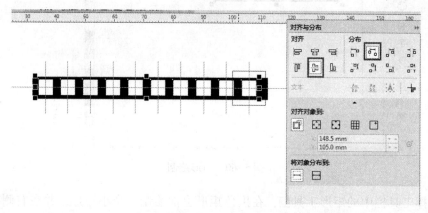

图 5-63　对齐矩形

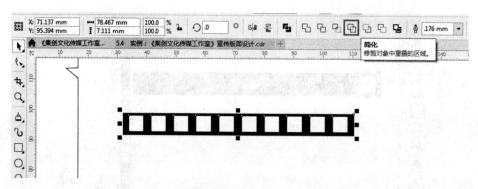

图 5-64　简化形状

6）使用工具栏中的选择工具 ▶，将简化后的矩形旋转并移动到图 5-65 所示的位置。

7）选择胶片形状，然后按〈Ctrl+C〉组合键进行复制，接着按〈Ctrl+V〉组合键进行粘贴并移动到图 5-66 所示的位置。

8）执行"文件"/"导入"菜单命令（组合键〈Ctrl+I〉），导入"案例素材\CH05\集创素材 7"素材文件，进行大小、位置及方向调整，如图 5-67 所示。

9）选择图片素材 7，然后在图片上单击右键，在弹出的快捷菜单中选择"顺序"/"向后一层"命令，连续执行两次，效果如图 5-68 所示。

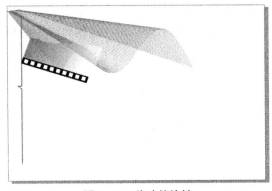

图 5-65　移动并旋转

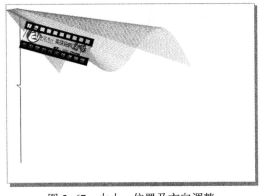

图 5-67　大小、位置及方向调整

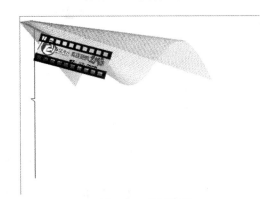

图 5-66　复制和粘贴

图 5-68　顺序调整

5.3.4　文字输入与设置

1）选择工具栏中的文本工具**字**，在绘图区中输入"集创文化传媒工作室"，并在属性栏中设置字体为"黑体"，字号为 48 pt，然后用鼠标左键单击右侧的调色板中的绿色，将文字设置为绿色，如图 5-69 所示。

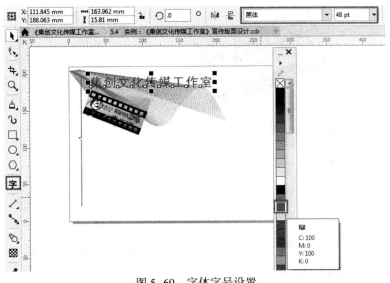

图 5-69　字体字号设置

2）选择文本"集创文化传媒工作室"，按数字键盘区中的〈+〉键将文本重制，然后使用数字键盘区中的〈↑〉〈↓〉方向键适当调整位置，再用鼠标右键单击右侧调色板中的橘黄色，将文本颜色设置为橘黄色，如图5-70所示。

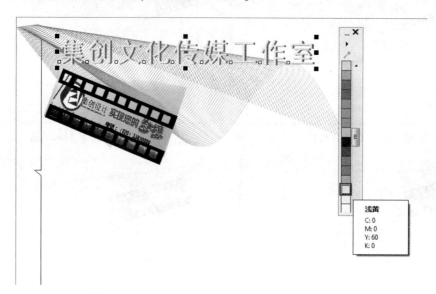

图5-70 橘黄色字体

3）选择工具栏中的文本工具**字**，然后在绘图区左侧输入"简介"二字并在属性栏中设置字体为"微软雅黑"、字号为24 pt，如图5-71所示。

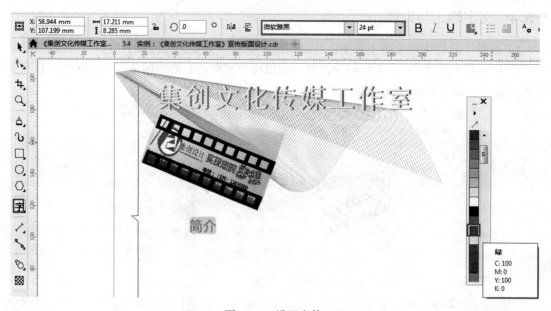

图5-71 设置字体

4）选择工具栏中的阴影工具**□**，在文本"简介"上拖动，然后在属性栏中设置透明度为50，位置为15，如图5-72所示。

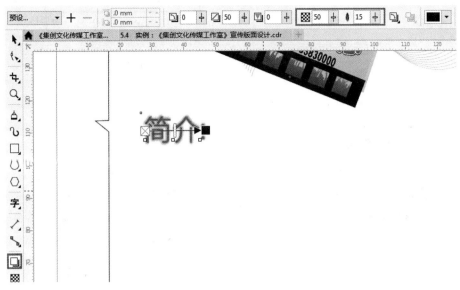

图 5-72　设置透明度

5）选择工具栏中的文本工具**字**，然后在绘图区中绘制出一个 110 mm 宽、80 mm 高的文本框，如图 5-73 所示。打开"案例素材\CH08\文本素材 6"素材文件，将文本全部复制并粘贴到文本框中。

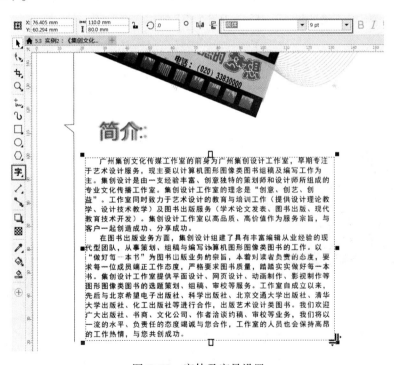

图 5-73　字体及字号设置

6）选择工具栏中的文本工具**字**，输入文字"主要作品"，在属性栏中设置字体为"微软雅黑"，字号为 21 pt，如图 5-74 所示。

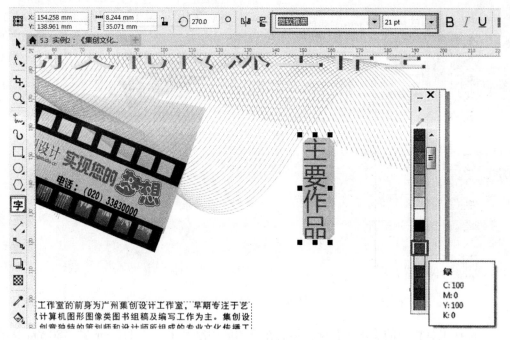

图 5-74　字体颜色设置

7）选择工具栏中的阴影工具▢，然后在文本"主要作品"上拖动，为其添加阴影效果，并在属性栏中设置透明度 50、15，如图 5-75 所示。

图 5-75　阴影设置

5.3.5　装饰矩形绘制

1）选择工具栏中的矩形工具▢，在绘图区中绘制一个图 5-76 所示的矩形。

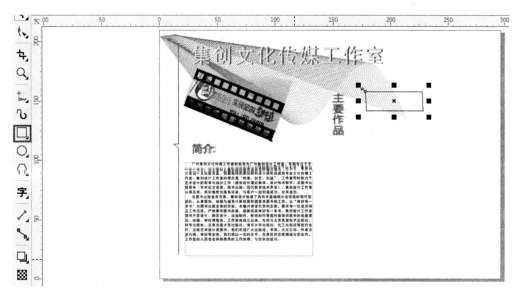

图 5-76 矩形绘制

2）用鼠标左键单击右侧调色板的橘黄色将矩形进行填充，在右侧调色板中的白色中单击右键，将轮廓设置为白色并在属性栏中设置轮廓粗细为 1.0 mm，如图 5-77 所示。

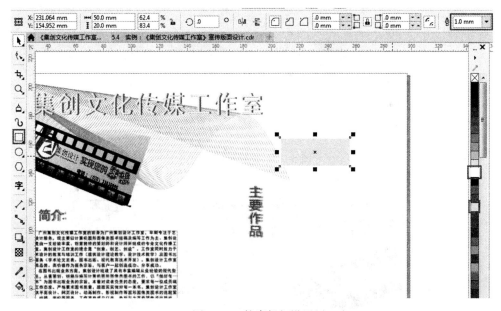

图 5-77 轮廓粗细设置

3）选择工具栏中的阴影工具 ▢，在矩形上拖动，为其添加阴影效果，如图 5-78 所示。

4）使用选择工具选择矩形 ▸ ，然后在属性栏中设置角度值为 6.5，如图 5-79 所示。

5）选择工具栏中的文本工具 字，输入"影视特效实例教程"，然后在属性栏中设置旋转值为 7.1，字体为"黑体"，字号为 14 pt，如图 5-80 所示。

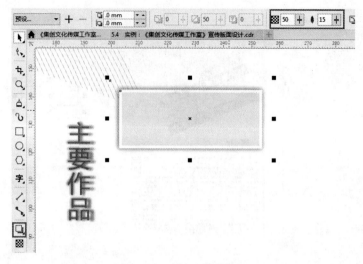

图 5-78　添加阴影效果

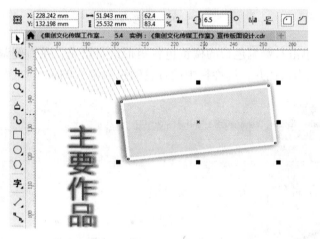

图 5-79　设置旋转角度

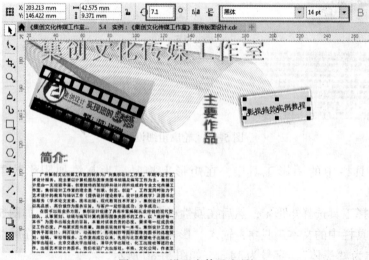

图 5-80　设置字体及字号

6）参照步骤 1 至 5，绘制出图 5-81 所示的另四个矩形，其中两个为白色填充，两个为橘黄色填充。

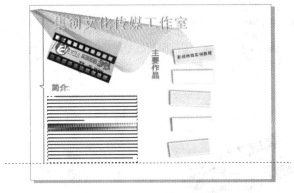

图 5-81　绘制矩形

7）使用工具栏中的文字工具**字**，分别在矩形中输入文字并进行适当的角度调节，如图 5-82 所示。

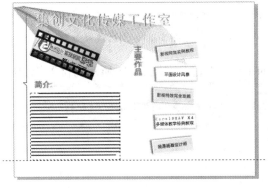

图 5-82　输入文字

8）选择工具栏中的文本工具**字**，在绘图区输入"作品封面"，设置字体为"微软雅黑"，字号为 12 pt，如图 5-83 所示。

图 5-83　调整字体及字号

9）选择工具栏中的阴影工具▢，在文本"作品封面"上拖动为其添加阴影效果，如图5-84所示。

图5-84　阴影效果

10）选择工具栏中的矩形工具▢，在图5-85所示的位置绘制出一个矩形。

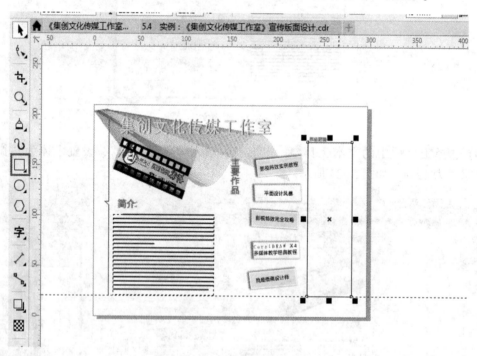

图5-85　绘制矩形

11）执行"文件"/"导入"菜单命令（组合键为〈Ctrl+I〉），导入"案例素材\CH05\集创素材1.jpg"素材文件，如图5-86所示。

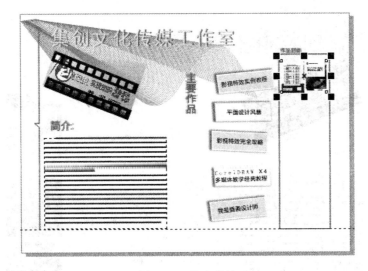

图 5-86　导入素材

12）使用工具栏中的选择工具 ▶，调整封面素材的大小及位置，如图 5-87 所示。

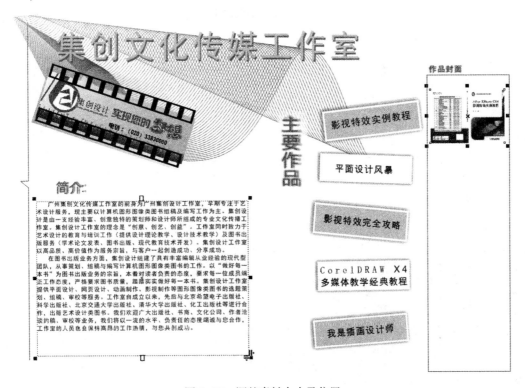

图 5-87　调整素材大小及位置

13）参照步骤 12、步骤 13，分别将"集创素材 2. jpg""集创素材 3. jpg""集创素材 4. jpg""集创素材 5. jpg"导入并调整位置与大小，如图 5-88 所示，完成本例制作。

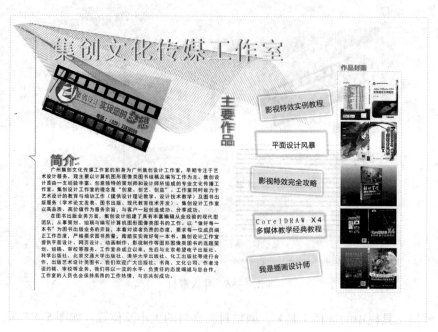

图 5-88 最终效果

第 6 章　CorelDRAW 2017 包装设计

6.1　认识包装设计

扇子

早在原始社会后期，由于生产物质出现剩余，需要储存和交换，产生了最原始的包装形态。早期的包装一般属于就地取材，即利用竹、木、草、麻、瓜果、兽皮等纯天然材料来包裹物品。葫芦、贝壳、果壳作为容器；稻草、秸秆与植物编织成绳子用来捆扎包装；竹子切割成筒、竹皮编成篮子盛放物品。这就是包装的最原始状态，图 6-1 所示为古代的容器，可以理解为原始的包装设计。

随着时代的发展，包装设计越来越注重结构、色彩、文字、图形、编排方式等视觉传达要素与消费者的亲和关系，从而使人获得生理上的舒适感和心理上的愉悦感，这是现代包装设计的必然趋势。图 6-2 为现代包装设计。

图 6-1　古代容器

图 6-2　现代包装设计

6.1.1　包装设计三要素

1）包装设计三要素为：外形要素、构图要素、材料要素。

2）包装外形要素的形式美法制主要从以下 8 个方面加以考虑：比例与尺度法制、节奏与韵律法制、安定与轻巧法制、重复与呼应法制、对比与调和法制、比拟与联想法制、对称与均衡法制、统一与变化法制。

3）构图要素是将商品包装展示面的商标设计、实物图形、装饰图形、文字设计和色彩设计组合排列在一起，成为一个完整的画面。

4）材料要素是包装设计的重要环节，它直接关系到包装的整体功能和经济成本，生产加工方式及包装废弃物的回收处理等多方面的问题。

6.1.2 立体知识

1）包装的美化导入是依附在包装立体上的平面设计，是包装外在的视觉形象，可以导入商品相关文字、商品图片、商品产地及视觉形象等要素。同样，容器标贴的设计，不仅注重一个标贴设计，还要关心标贴与容器的形状、标贴与标贴之间的相互关系。所以说包装视觉导入的设计在某些方面和广告设计有些相似。

2）包装设计不仅要注意各面的设计，还要注意整体设计。

6.1.3 材料与印刷工艺

1）包装所使用的材料十分广泛，从单一材料到合成材料，从自然物质到人造包装材料。目前，最常用的包装材料有四大类：纸材、金属、玻璃和塑料。其中纸包装材料基本上可分为纸、纸板、瓦楞纸三大类。

2）印刷的种类有很多，根据工艺原理的不同，大体可分为凸版印刷、平版印刷、凹版印刷和丝网印刷四类。

3）印刷完成后，为了提升包装的特色及美观，在印刷品上进行的后期效果加工就是包装的印刷加工工艺。主要有烫印、上光上蜡、浮出、压印、扣刀等工艺。

6.1.4 包装设计注意事项

1）产品包装应当遵循适当、可靠、美观、经济的原则。为了更适合产品的品种及性能的不同要求，一般可从以下三方面对产品包装设计的问题加以考虑：被包装产品的性能、环境对产品的影响、包装方式的选择。

2）从包装的保护功能角度来看，主要起到保护产品的作用。所以包装设计应该根据商品的特点、性质，考虑光线、潮湿等各种因素带来的不良影响，在设计中应该尽量避免或加以注明。

3）从包装的促销功能角度来看，包括储运、销售两个方面。在储运阶段必须保证避免错发、错运等事故。包装设计的指示标志要易于识别，涂印标志应制作在搬运时最显眼的部位，选择耐高低温、耐晒、防潮、耐摩擦、耐腐蚀的颜料制作标志。

6.2 CorelDRAW 2017 包装设计技术详解

6.2.1 使用键盘微调对象

微调的运用方法如下。

1）选择指定对象，按键盘上的方向键，允许向任意方向移动对象，即为微调。它是以固定的量多次小幅度地移动对象。

2）执行"工具"/"选项"菜单命令，在弹出的"选项"对话框中选择标尺。精密微调（P）是微调（N）的2倍；细微调（M）是微调（N）的1/2倍。

6.2.2　移动和变换对象

对象大小的调整如下。

在 CorelDRAW 中，允许调整对象的大小和缩放对象。在缩放对象与调整对象大小的两种情况下，允许通过保持对象的纵横比例改变对象的尺寸。允许通过设定相应的值或直接拖曳进行改变对象，调整对象的尺寸。缩放可以按指定的百分比改变对象的尺寸。

1）鼠标选中对象：对象显示 8 个可调整的选择手柄，鼠标指向手柄，在不同的手柄上显示的鼠标样式如下 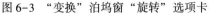。

2）调整选定对象的大小：拖放任何一个边角选择手柄。

3）从对象中心调整选定对象：按住〈Shift〉键不放，拖动其中一个选择手柄，调整到需要的大小，放开鼠标左键后，再放开按住的〈Shift〉键。

4）调整对象为原始大小的倍数：按住〈Ctrl〉键不放，拖动其中一个选择手柄，鼠标拖动手柄，允许将对象按倍数放大。

5）调整对象大小时延展对象：按住〈Alt〉键不放，同时拖动其中一个选择手柄允许延展对象。

6）对于对象的缩放，除了直接用鼠标拖动进行缩放，在选择对象的情况下，还可在属性栏上"对象大小"输入框中直接输入对象的大小值；也可以执行菜单："对象"/"变换"/"大小"（组合键〈Alt+F10〉），弹出"变换"泊坞窗，在其中的"缩放"选项中输入参数对对象的大小进行调整。

6.2.3　旋转和镜像对象

CorelDRAW 允许旋转对象和创建对象的镜像图像。

通过指定纵坐标和横坐标可以将旋转中心移至特定的位置或与对象的当前位置对应的点上。执行"对象"/"变换"/"旋转"菜单命令（组合键为〈Alt+F8〉），弹出"变换"泊坞窗，单击其中的 ○ 图标，则切换到"旋转"选项卡，如图 6-3 所示，根据个人需要对其参数进行设置，再应用。图 6-4 所示为围绕单个点旋转对象。

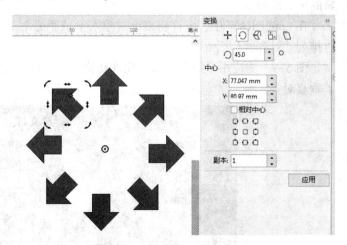

图 6-3　"变换"泊坞窗"旋转"选项卡　　　　　图 6-4　围绕单个点旋转对象

镜像对象是使对象从左到右或者从上到下翻转。在默认的状态下，镜像的锚点就在对象的中心。

执行"窗口"/"泊坞窗"/"变换"/"缩放和镜像"菜单命令（组合键为〈Alt＋F9〉），弹出"变换"泊坞窗的"镜像"选项卡，在缩放选项后面选择水平或垂直镜像，然后单击"应用"按钮即可把镜像应用到对象中，如图 6-5 所示。

较为方便快捷的方法是，当选择了对象后，直接在属性栏中单击"水平镜像"或"垂直镜像"图标▯ ▯。给对象添加镜像后，效果如图 6-6 所示。

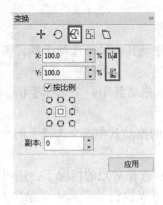

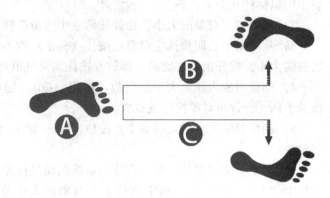

图 6-5 "变换"泊坞窗中的"镜像"选项卡　　　　图 6-6 水平镜像与垂直镜像

图 6-6 A 为原图的样式，在执行添加水平镜像后，效果如图 6-6 B 所示；给原图添加垂直镜像后，效果如图 6-6 C 所示。

6.2.4 排列、分布和对齐对象

在 CorelDRAW 中，允许在绘图时准确地对齐和分布对象，以及使各对象互相对齐。

允许使选定的对象在选定的范围内互相对齐，也允许使对象与绘图页面的各个部分对齐，如页边、页面中心、网格和指定点。选定的对象在选定的范围内相互对齐时，允许按对象的中心或边缘对齐。

在 CorelDRAW 中，允许将多个对象水平或垂直对齐绘图页面的中心，对象也可以沿页边排列并对齐，如图 6-7 所示。

图 6-7A 为应用了间距分布；允许在指定区域内以相等间距分布对象。图 6-7B 为应用了垂直对齐。

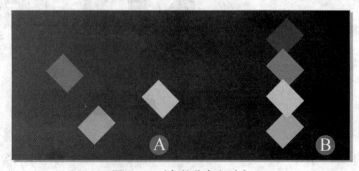

图 6-7 对象的分布和对齐

144

1. 对象与对象间的对齐操作

1）在选择了对象的状态下，执行"对象"／"对齐和分布"菜单命令，选择要执行的对齐命令；或者在"对齐和分布"下拉列表中选择"对齐和分布"选项，弹出"对齐和分布"对话框。

2）选择"对齐和分布"中的"对齐"选项卡。

3）勾选其中的对齐选项，启用所需的水平和垂直对齐方式对应的复选框。

● 使对象垂直对齐：启用"对齐"选项卡中的"左""中""右"选项。

● 使对象水平对齐：启用"对齐"选项卡中的"顶""中""底"选项。

4）在"对齐对象到"下拉列表中选择"活动对象"。

文本对象的对齐，从"用于文本来源对象"下拉列表中选择其中的选项。

2. 对象与页面中心的对齐操作

在选择了对象的状态下，执行"对象"／"对齐和分布"菜单命令，可选择以下对齐命令。

● 在页面居中——使所选对象与页面中心对齐。

● 在页面垂直居中——使所选对象沿垂直轴与页面中心对齐。

● 在页面水平居中——使所选对象沿水平轴与页面中心对齐。

3. 对象与页边的对齐操作

1）在选择了对象的状态下，执行"对象"／"对齐和分布"／"对齐和分布"菜单命令，弹出"对齐和分布"对话框。

2）选择"对齐和分布"中的"对齐"选项卡。

3）勾选其中的"对齐"选项，启用所需的水平和垂直对齐方式对应的复选框。

● 使对象垂直对齐：启用"对齐"选项卡中的"左""中""右"选项。

● 使对象水平对齐：启用"对齐"选项卡中的"上""中""下"选项。

4）选择"对齐"选项卡中的"对齐对象到"下拉列表中的"页边"选项。

4. 对象的分布操作

1）在选择了对象的状态下，执行"对象"／"对齐和分布"／"对齐和分布"菜单命令，弹出"对齐和分布"对话框。

2）选择"对齐和分布"中的"分布"选项卡。

3）勾选其中的"分布"选项，启用所需的水平和垂直分布方式对应的复选框。

6.2.5 复制对象属性、变换和效果

在 CorelDRAW 中，允许把一个对象的属性复制到另一个对象。允许复制的属性有轮廓、填充和文本属性等。允许复制的对象变换有调整大小、旋转和定位等。还允许复制应用于对象的效果。

1. 将一个对象的填充、轮廓或文本属性复制到另一个对象上

1）选择工具栏中的滴管工具，展开 滴管工具组，选择 颜色滴管工具。

2）单击属性栏中的"选择是否对对象属性或颜色取样"下拉按钮，选择下拉列表中的"对象属性"。

3）选择"属性滴管"工具，在属性栏中单击"属性"按钮，展开下拉列表，然后选

择需要启用的选项：
- 轮廓。
- 填充。
- 文本。

4）单击属性来源对象。

5）选择工具栏中的滴管工具，展开✐◇滴管工具组，选择◇交互式填充。

6）单击目标对象，把来源对象的属性复制到目标对象。

对象的属性复制方法有多种，可以用鼠标右键单击选择来源对象，按住鼠标右键不放，拖动到目标对象上，在目标对象上弹出一个菜单，可选择其中的"移动""复制""复制填充""复制轮廓""复制所有属性""图框精确剪裁内部""添加到翻转"或"取消"命令。

2. 将一个对象的大小、位置或旋转复制到另一个对象上

1）选择工具栏中的滴管工具，展开✐◇滴管工具组，选择✐滴管工具。

2）单击属性栏中的"选择是否对对象属性或颜色取样"下拉按钮，选择其中的"对象属性"。

3）在属性栏中单击"变换"按钮，展开下拉列表，然后选择需要启用的选项：
- 大小。
- 旋转。
- 位置。

4）单击属性来源对象。

5）选择工具栏中的滴管工具展开✐◇滴管工具组，选择◇颜料桶工具。

6）单击目标对象，把来源对象的变换复制到目标对象。

3. 将一个对象的效果从一个对象复制到另一个对象上

1）选择工具栏中的滴管工具，展开✐◇滴管工具组，选择✐滴管工具。

2）单击属性栏中的"选择是否对对象属性或颜色取样"下拉按钮，选择其中的"对象属性"。

3）在属性栏中单击"效果"按钮，展开下拉列表，然后选择需要启用的选项：
- 透视；
- 封套；
- 调和；
- 立体化；
- 轮廓图；
- 透镜；
- 图框精确剪裁；
- 阴影；
- 变形。

4）单击属性来源对象。

5）选择工具栏中的滴管工具，展开✐◇滴管工具组，选择◇颜料桶工具。

6）单击目标对象，把来源对象的效果复制到目标对象。

6.2.6　定位对象

将对象拖放到新位置，然后微调或指定对象的水平和垂直位置，就可以定位对象。

允许通过在精密微调中设置的数值来将对象按增量移动到适当位置。在默认情况下，以0.1 英寸增量微调对象，但允许根据需要更改微调值。

调整对象的位置时，允许设置相对于对象中心锚点或其他锚点的横坐标和纵坐标。还允许根据对象的锚点将对象放置到绘图窗口中特定水平坐标或垂直坐标上，从而定位对象。

1. 移动对象的操作

1）拖放对象使其覆盖目标页面的页码标签。

2）将对象拖放到该页面上。

2. 微调距离的设置

1）执行"工具"／"选项"菜单命令，弹出"选项"对话框，在"文档"选项下选择"标尺"。

2）在微调框中输入数值。

3）在精密微调框或细微调框中输入相应的数值。

此外，撤销选择所有对象，然后在属性栏的偏移微调框中输入一个数值，也可以设置微调距离。

3. 按 x 和 y 坐标定位对象的操作

1）在选择了对象的状态下，在属性栏中将以下各项设置相应的数值：

- x——允许在 X 轴上定位对象。
- y——允许在 Y 轴上定位对象。

2）按〈Enter〉键完成设置。

6.2.7　组合对象

两个或多个对象组合之后，可视为一个单位的对象。把对象组合后，可以对组内的所有对象同时应用格式、属性以及其他的属性修改。CorelDRAW 还允许组合其他组以创建嵌套组合。

允许将对象添加到组合，从组合中移除对象，以及删除组合中的对象。单个对象在组合时保留其组合前的对象属性，组合后不再进行编辑则其属性不变，如图 6-8 所示。若要重新对组合中的某一对象进行编辑，可以取消组合对象，再进行编辑。

图 6-8 A 为对象组合前的显示状态；图 6-8 B 为对象组合后的显示状态。

1. 组合对象的操作

1）选择对象。

2）执行"对象"／"组合"／"组合对象"菜单命令（组合键〈Ctrl+G〉）；

选择两组或多组对象，然后执行"对象"／"组合"／"组合对象"菜单命令（组合键〈Ctrl+G〉），可以创建嵌套组合。从不同的图层中选择对象并进行组合，组合后，被组合对象处于同一图层上。

此外，执行"窗口"／"泊坞窗"／"对象管理器"菜单命令，随后，在对象管理器泊坞窗中把一对象的名称拖放到另一对象的名称上，也可执行组合对象操作。同样地，在泊坞窗中要取消组合对象，双击泊坞窗中的组合名称，把组合中的对象拖到组外的某个位置即可。

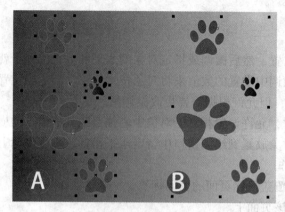

图6-8　对象组合前后

允许执行"对象"／"组合"／"取消组合对象"菜单命令（组合键〈Ctrl+U〉）来取消已组合的对象；若要删除组合中的某一对象，在"对象管理器"泊坞窗的列表中选择该对象，执行"编辑"／"删除"菜单命令，也可在选择了该对象的状态下，直接按键盘上的〈Delete〉键进行删除。

提示：上述方法是可以在对象组合的状态下对组合中的对象进行删除；若要不打开"对象管理器"泊坞窗而删除对象，先要取消组合对象，再选择对象进行删除。

2. 取消对象的组合操作

1）选择一个或多个组合。

2）执行"对象"／"组合"／"取消组合对象"菜单命令（组合键〈Ctrl+U〉）。

在选择了组合对象后，单击属性栏中的"取消组合对象"图标也可以取消对象的组合。通过单击"取消组合所以对象"图标还可以取消组合对象中的全部嵌套组合。

6.2.8　结合对象

把两个对象进行结合，所选择第一个对象的填充和轮廓属性将应用于结合后的对象，如图6-9所示。结合两个或多个对象时，允许创建带有常用填充和轮廓属性的单个对象。允许结合矩形、椭圆、多边形、星形、螺纹、其他不规则图形或文本。CorelDRAW 将这些对象转换为单个曲线对象。若要修改结合对象中某单个对象，可以拆分结合的对象再单独选择进行修改。

允许从结合的对象中提取一个子路径以创建两个独立的对象。

图6-9 A 为来源对象与目标对象结合之前（星星为来源对象，心形为目标对象）；图6-9 B 为来源对象与目标对象结合之后。

1. 对象的结合操作

1）先选择来源对象，按住〈+〉键再复选目标对象。

2）执行"对象"／"合并"菜单命令（组合键〈Ctrl+L〉）。

此外，当选择了来源对象和目标对象后，单击属性栏中的 ▫ "结合"图标，从而对选定的对象进行结合。

2. 结合对象的拆分操作

1）选择一个结合对象。

图 6-9　对象的结合

2）执行"对象"/"拆分"菜单命令（组合键〈Ctrl+K〉）。

当待拆分的对象含有美术字的结合对象时，该文本首先会拆分为行，然后拆分成词。段落文本则拆分成独立的段落。

3. 从结合对象中提取子路径的操作

1）使用 形状工具选择结合对象上的一个线段、一个节点或一组节点。

2）单击属性栏中的 "提取子路径"图标。

提取了子路径后，路径的填充和轮廓属性就从结合对象中移除了。

6.2.9　标尺与辅助线应用

1. 运行 CorelDRAW 2017，执行"文件"/"新建"菜单命令（组合键〈Ctrl+N〉），弹出"创建新文档"对话框，如图 6-10 所示。

2）若在文档中需要使用标尺或辅助线，首先需要在视图中显示出来。执行"视图"/"标尺"菜单命令，可以显示或隐藏标尺；通过执行"视图"/"辅助线"菜单命令，可以显示或隐藏辅助线，如图 6-11 所示。

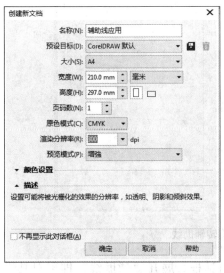

图 6-10　创建新文档

图 6-11　标尺或辅助线设置

3）根据设计作品的需要，可以用鼠标左键从标尺处拖动绘制辅助线，如图6-12所示。

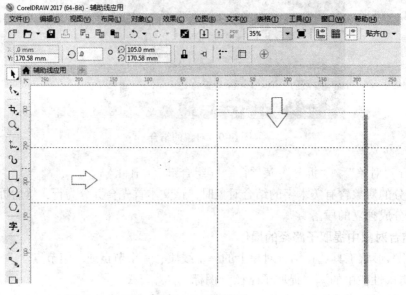

图6-12　辅助线

4）如果需要倾斜的辅助线，可以选择工具栏中的选择工具将其选择，然后通过边缘的旋转点即可旋转辅助线，如图6-13所示。

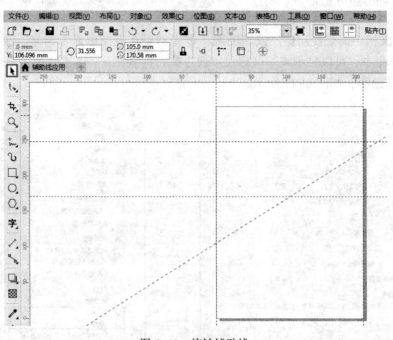

图6-13　旋转辅助线

5）按〈Ctrl+J〉组合键，打开"选项"对话框。展开"辅助线"即可对其进行水平、垂直等设置，如图6-14所示。

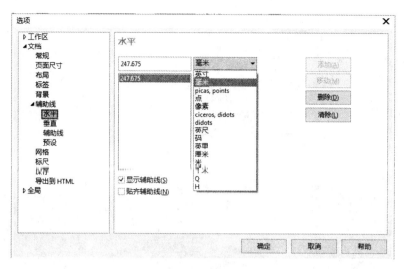

图 6-14　辅助线设置

6）单击"选项"对话框中的"网格"，即可对文档的网格进行设置，如图 6-15 所示。

图 6-15　网格设置

6.3　实例 1：包装设计——大塘传奇爽肤水包装盒设计

6.3.1　案例分析

本案例为设计制作一款爽肤水的包装盒，根据产品的性质应该遵循美观、可靠、干净的原则。由于被包装的产品属于液体，因此要求体积小、固定良好且稳重大方。本案例选择常规的方盒设计方案。设计图如图 6-16 所示，案例效果图如 6-17 所示。

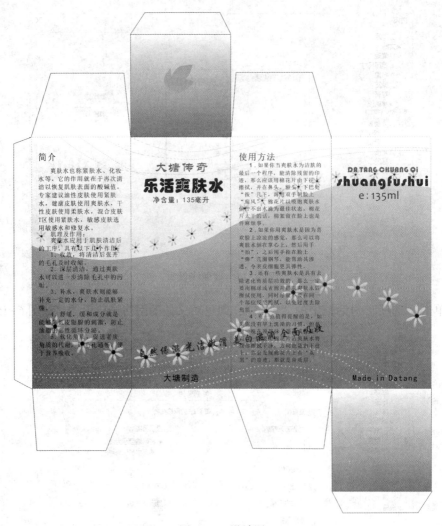

图 6-16　设计图

图 6-17　效果图

6.3.2 技术分析

本案例用到的工具主要有矩形工具、折线工具、渐变工具、画笔工具等。首先按照包装盒切线框的分布绘制出展开平面图，然后选择渐变工具为包装各平面进行渐变填充。最后使用艺术笔工具为其添加装饰效果，如图 6-18 所示。

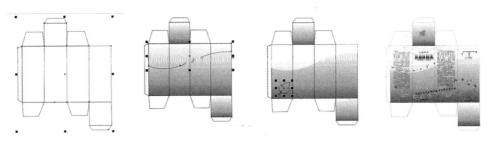

图 6-18　展开图

6.3.3 包装盒展开图框绘制

1）运行 CorelDRAW 2017，执行"文件"/"新建"菜单命令（组合键〈Ctrl+N〉）命令，打开"创建新文档"对话框，设置名称为"化妆品包装盒设计"，宽度为 500 mm，高度为 410 mm，如图 6-19 所示。

2）选择工具栏中的矩形工具，在绘图区中绘制一个矩形并在属性栏中设置宽度为 310 mm，高度为 190 mm，如图 6-20 所示。

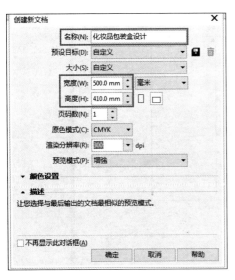

图 6-19　创建新文档

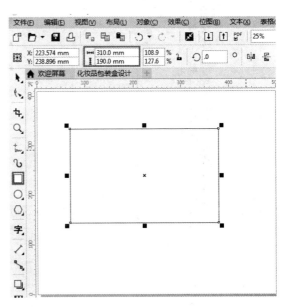

图 6-20　绘制矩形

3）选择工具栏中的折线工具，绘制三条直线线段，并在属性栏中设置线条粗细为 0.2 mm，使用移动工具调整三条线段的位置，使之四等分矩形，如图 6-21 所示。

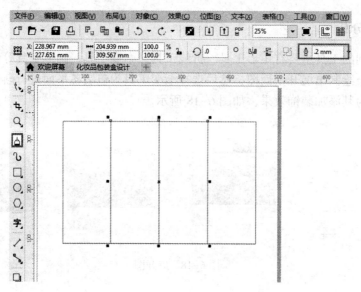

图 6-21　折线工具

4）选择工具栏中的折线工具，绘制图 6-22 所示的折线。

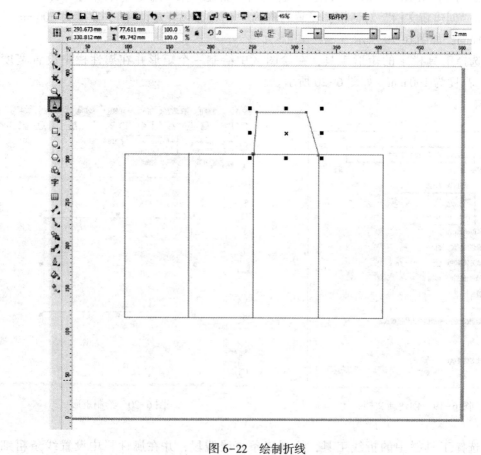

图 6-22　绘制折线

5）在工具栏中选择矩形工具，绘制出图6-23所示的矩形。

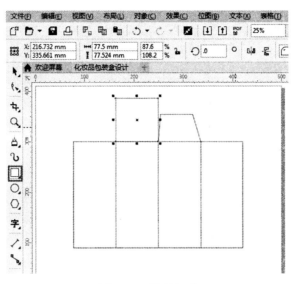

图6-23　绘制矩形

6）选择工具栏中的折线工具，绘制出图6-24所示的形态。

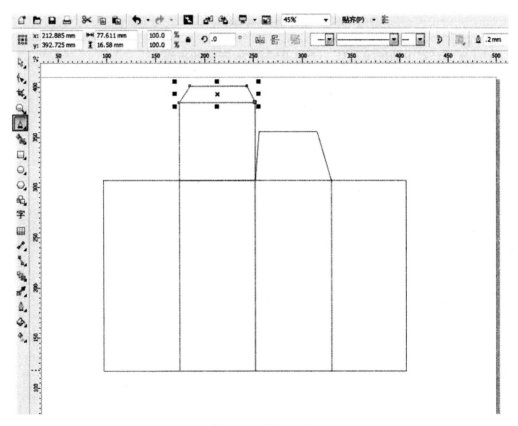

图6-24　折线工具

7）选择工具栏中的折线工具，绘制出图6-25所示的形态。

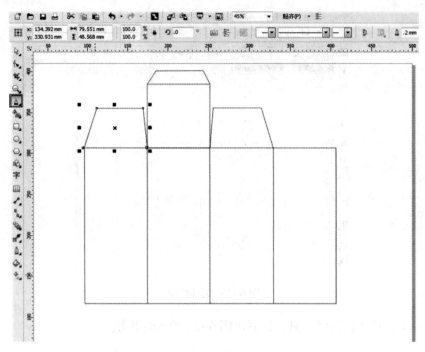

图6-25　绘制折线

8）选择工具栏中的折线工具，绘制出图6-26所示的折线。

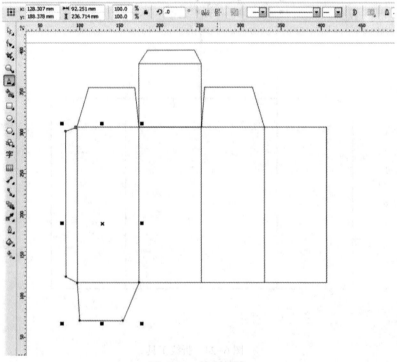

图6-26　绘制折线

9）选择工具栏中的折线工具，绘制出图 6-27 所示的折线。

10）选择工具栏中的矩形工具，绘制出图 6-28 所示的矩形。

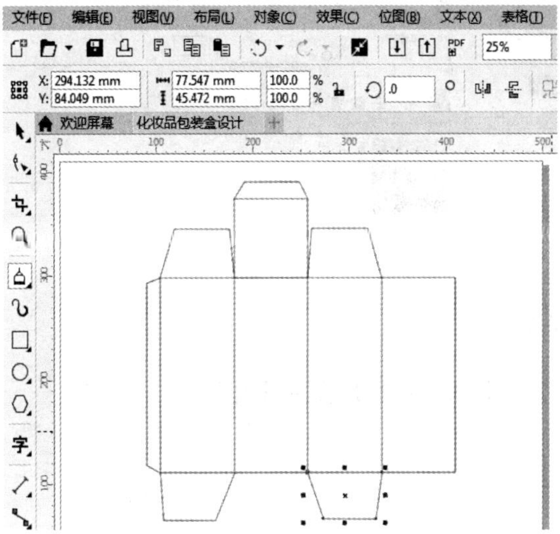

图 6-27　折线工具

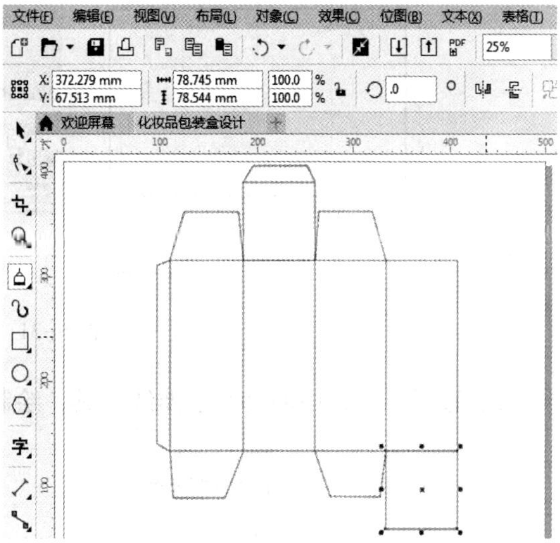

图 6-28　矩形工具

11）选择工具栏中的折线工具，绘制出图 6-29 所示的折线。

12）选择工具栏中的选择工具，对绘制出来的线段进行微调，使之符合展开图的要求，如图 6-30 所示。为方便读者学习，可以直接打开“源文件\6.3　案例 1：包装设计-化妆品包装设计切线图”。

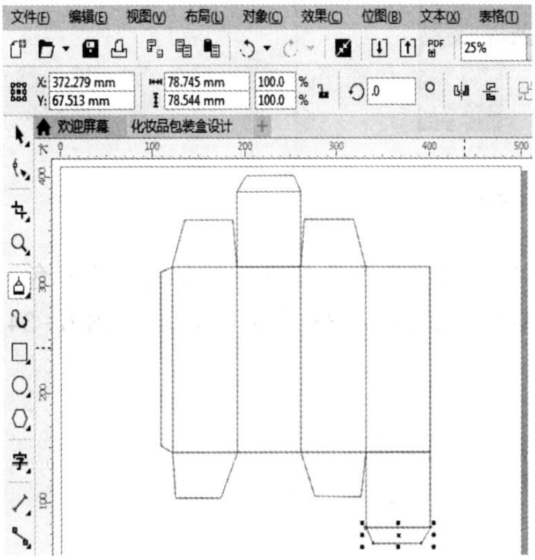

图 6-29　折线工具

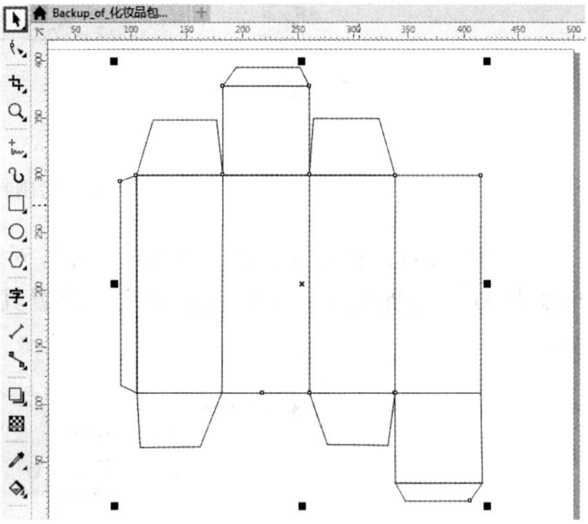

图 6-30　切线图

6.3.4　整体色彩设计

1）结合〈Shift〉键和选择工具，将图 6-31 左侧的矩形 1、2、3 选上，然后按〈F11〉快捷键，打开“渐变填充”对话框。设置类型为线性，颜色调和为双色，设置从紫红色（R：244，G：62，B：147）到白色的渐变，旋转角度为 90°，然后单击“确定”按钮完成渐变填充。

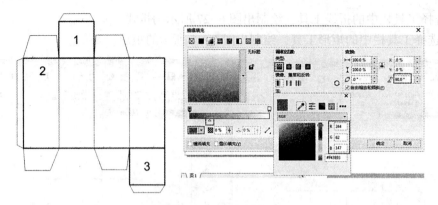

图 6-31　渐变填充

2）选择工具栏中的贝塞尔曲线工具，绘制出一个图 6-32 所示的封闭形状。

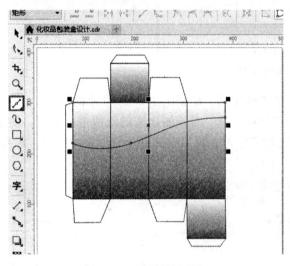

图 6-32　绘制封闭形状

3）按〈F11〉快捷键，打开"编辑填充"对话框，设置类型为线性，颜色调和为双色，角度为 90°，设置从淡紫至白色的渐变，设置其参数，如图 6-33 所示，效果如图 6-34所示。

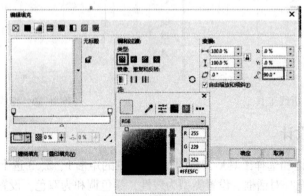

图 6-33　渐变填充

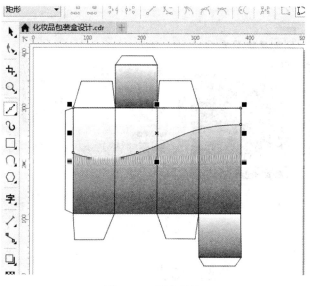

图 6-34 渐变效果

4）用鼠标右键单击右侧调色板中的"无"，删除图形边框颜色，使用工具栏中的选择工具将颜色渐变形状选取，然后连续按〈Ctrl+Page Down〉组合键将其直至移到切线后面，如图 6-35 所示。

5）选择工具栏中的钢笔工具绘制出图 6-36 所示的叶子形状。

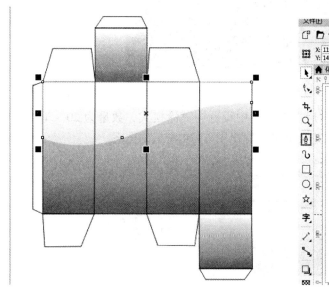

图 6-35 编辑顺序

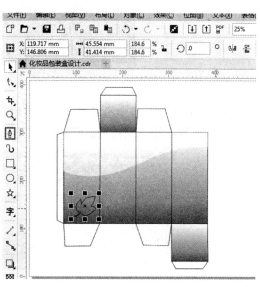

图 6-36 叶子形状

6）按〈F11〉组合键，弹出"编辑填充"对话框，选择均匀填充，在调色板选项中设置颜色为紫红色（R:255,G:153,B:204），然后单击"确定"按钮完成填充，如图 6-37 所示。

7）选择绘制出来的叶子，然后按住〈+〉键，将其复制并移动到另一面，如图 6-38 所示。

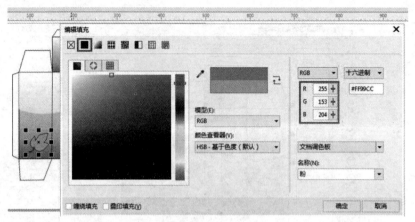

图 6-37　均匀填充

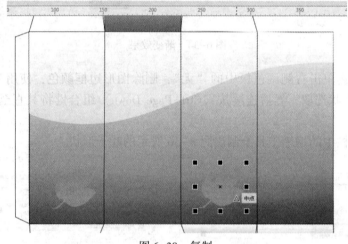

图 6-38　复制

8）在工具栏中选择艺术笔工具，然后在属性栏中设置为喷涂模式，数量为 20，笔触为植物，并设置为按方向排列，选择紫色花朵笔触绘制出图 6-39 所示的图案。

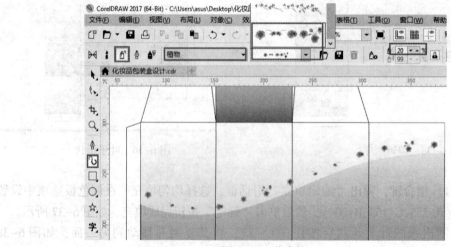

图 6-39　艺术笔

9) 选择工具栏中的形状工具，对艺术笔轮廓进行调整，使之与渐变曲线吻合，如图 6-40 所示。

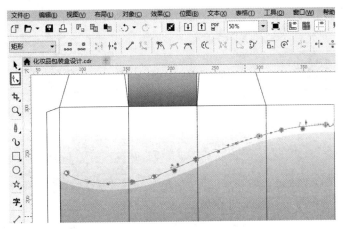

图 6-40　艺术笔轮廓

10) 选择工具栏中的贝塞尔曲线工具，在图 6-41 所示的位置绘制出 4 条曲线。

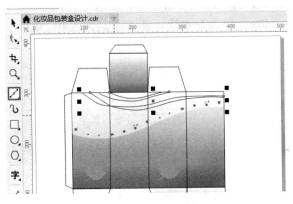

图 6-41　绘制曲线

11) 选择 4 条曲线，然后按〈F12〉键弹出"轮廓笔"对话框，设置颜色为紫红色（R: 255,G:121B:183），粗细为 0.25 mm，角及线条端头分别选第一项，然后单击"确定"按钮，如图 6-42 所示。

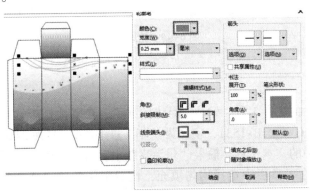

图 6-42　轮廓笔

12）选择叶子形状，然后按〈+〉键进行复制，接着使用选择工具将其缩小并移动位置，如图6-43所示。

13）选择工具栏中的贝塞尔工具，绘制出图6-44所示的4条曲线。

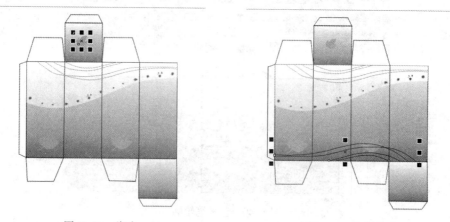

图6-43 移动　　　　　　　　　　　　　　图6-44 绘制曲线

14）选择4条曲线，然后按〈F12〉键打开"轮廓笔"对话框，设置其RGB颜色为粉红色（R:255,G:228,B:240），样式为虚线，斜接限制为5.0，角度和线条端头均选择第一项，然后单击"确定"按钮，如图6-45所示。

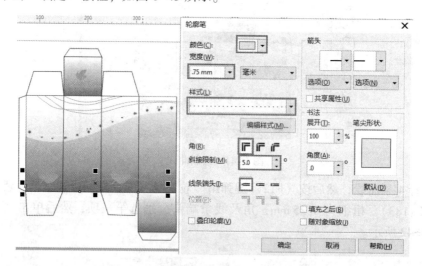

图6-45 轮廓笔

6.3.5 文本输入

1）选择工具栏中的文本工具，输入"大塘传奇"，在属性栏中选择均匀填充，设置颜色为紫红色（R:255,G:102,B:153），字体为"华文隶书"，字号为24 pt，如图6-46所示。

2）选择工具栏中的文本工具，输入"乐活爽肤水"并在属性栏中设置字体为"华文琥珀"，字号为36 pt，在工具栏中选择均匀填充，设置字体颜色为紫红色（R:153,G:51,B:102），然后单击"确定"按钮，如图6-47所示。

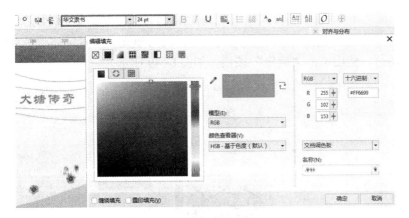

图 6-46　设置字体字号

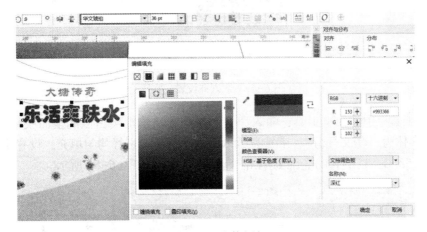

图 6-47　字体颜色

3）选择工具栏中的文本工具，输入"DA TANG CHUAN QI"，并在属性栏中设置字体为"Bauhaus 93"，字号为 16 pt，在工具栏中选择均匀填充，设置字体颜色为浅紫红色（R：213，G：115，B：169），然后单击"确定"按钮，如图 6-48 所示。

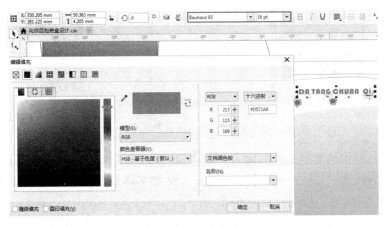

图 6-48　设置字体字号

4）选择工具栏中的文本工具，输入"SHUANGFUSHUI"并在属性栏中设置字体为"Monotype Corsiva"，字号为24 pt，在工具栏中选择均匀填充，设置字体颜色为紫红色（R：153，G：51，B：102），然后单击"确定"按钮，如图6-49所示。

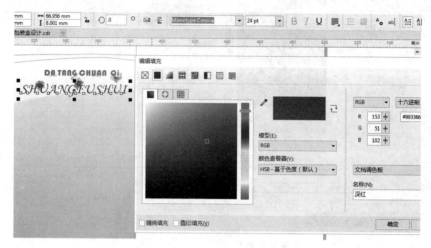

图6-49　输入并设置文本

5）选择工具栏中的文本工具，输入"自然保湿光洁嫩滑美白滋润全面吸收"，并在属性栏中设置字体为"华文行楷"，字号为24 pt，在工具栏中选择均匀填充，设置字体颜色为紫红色（R：153，G：51，B：102），然后单击"确定"按钮，如图6-50所示。

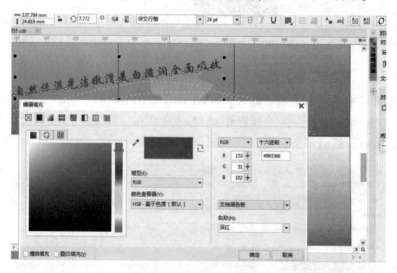

图6-50　输入并设置文本

6）选择工具栏中的文本工具，输入"净含量：135毫升"，在属性栏中设置字体为"黑体"，字号为16 pt，在工具栏中选择均匀填充，设置字体颜色为紫红色（R：153，G：51，B：102），然后单击"确定"按钮，如图6-51所示。

7）选择工具栏中的文本工具，输入"e：135ml"并在属性栏中设置字体为"Arial"，字号为18 pt，颜色为紫红色（R：255，G：102，B：153），如图6-52所示。

图 6-51　输入并设置文本

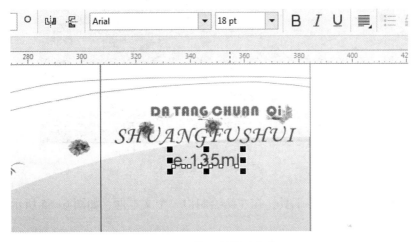

图 6-52　输入并设置文本

8）选择工具栏中的文本工具，在底部输入"大塘制作"，然后在属性栏中设置字体为"黑体"，字号为 18 pt，并设置颜色为 R:102,G:51,B:51，使用相同的方法在另一侧输入"Made In Datang"并设置字体等属性，如图 6-53 所示。

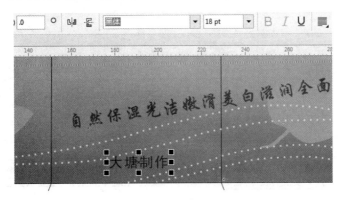

图 6-53　输入并设置文本

9）选择工具栏中的艺术笔工具，在属性栏中设置密度为40%，样式为植物，并选择花朵笔触，设置为按方向排列，然后绘制出笔触的路径，如图6-54所示。

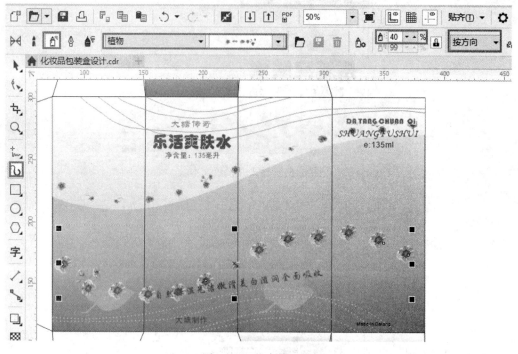

图6-54　艺术笔工具

10）选择工具栏中的文本工具，在左侧绘制出一个文本框，如图6-55所示。

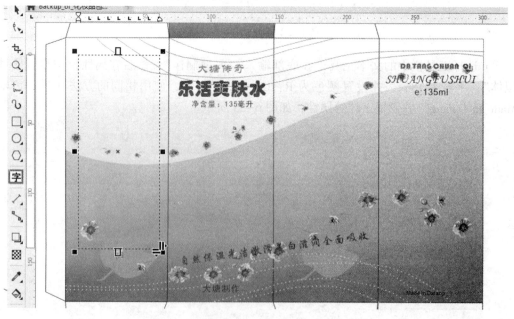

图6-55　绘制文本框

11）打开"案例素材\CH06\文本素材1"素材文件，将文字全部复制，然后粘贴到文本框中。按〈Ctrl+T〉组合键打开文本属性泊坞窗，设置字符高度为132%，如图6-56所示。

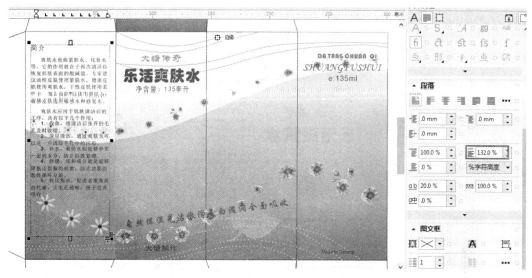

图6-56 设置文本

12）利用文本工具，在图6-57所示的位置绘制出一个文本框，然后打开"案例素材\CH06\文本素材2"素材文件，将文字全部复制，然后粘贴到文本框中。完成本例制作，最终效果如图6-58所示。

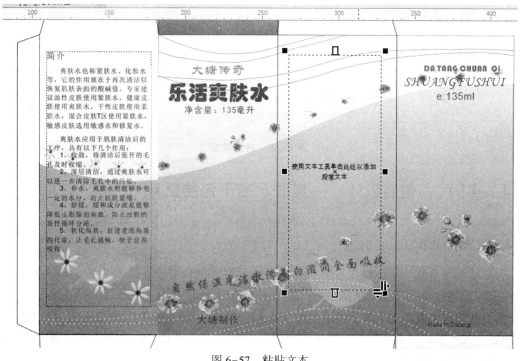

图6-57 粘贴文本

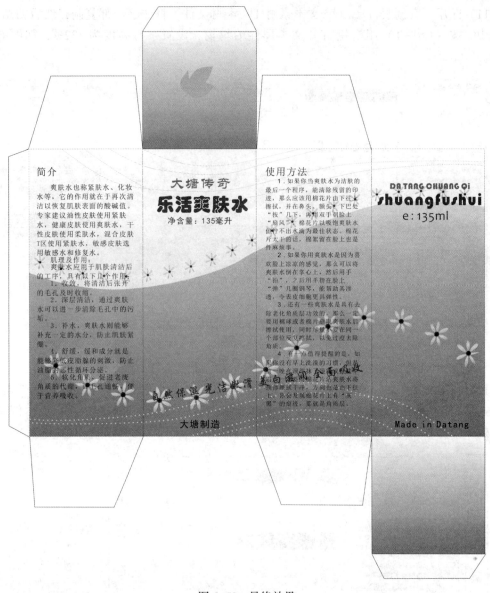

图 6-58　最终效果

6.4　实例 2：包装设计——爽肤水瓶子包装设计

6.4.1　案例分析

1）本案例为设计制作爽肤水瓶子包装设计。根据设计要求，瓶身为圆柱体。风格、色调均须与外包装盒保持统一风格，设计图如图 6-59 所示，效果如图 6-60 所示。

2）本案例使用到的工具主要有矩形工具、贝塞尔工具、渐变填充工具及文本工具。制作流程为先绘制出瓶盖位置并给予填充渐变、绘制瓶身并填充，然后输入并设置文本属性，设计过程如图 6-61 所示。

图 6-59　设计图　　　　　　图 6-60　效果图

图 6-61　过程图

6.4.2　瓶身绘制

1）打开 CorelDRAW 2017，执行"文件"／"创建新文档"菜单命令，弹出"创建新文档"对话框，设置名称为"化妆品瓶子包装设计"，大小为"A4"，竖向放置，原色模式为"CMYK"，渲染分辨率为 300 dpi，然后单击"确定"按钮，如图 6-62所示。

2）选择矩形工具，在绘图区中拖动绘制出一个矩形，如图 6-63A 所示；然后在工具栏中选择形状工具，将矩形调整成圆角矩形，如图 6-63 B 处所示。

3）选择圆角矩形，然后按〈F11〉快捷键，打开"编辑填充"对话框，设置类型为"线性"，颜色参考图 6-64 添加四个颜色点（在需要添加颜色点的位置双击左键即可，如果需要取消颜色点，再次双击即可）。设置 A 处颜色为（R:237，G:181，B:

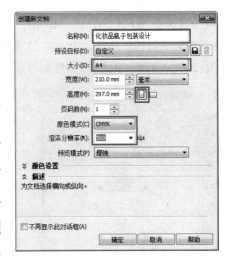

图 6-62　创建新文档

169

212)，B 处颜色为（R:255，G:255，B:255），C 处颜色为（R:150，G:48，B:123），D 处
颜色为（R:235，G:155，B:214），然后单击"确定"按钮，如图 6-64 所示。

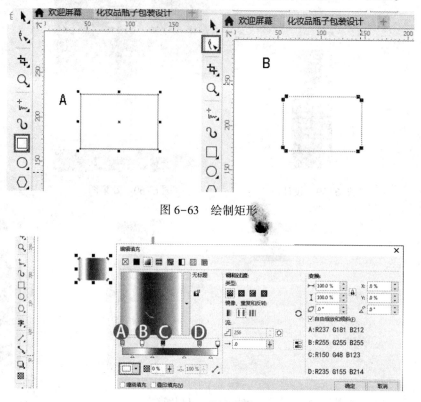

图 6-63　绘制矩形

图 6-64　渐变填充

4）选择工具栏中的贝塞尔工具，绘制出图 6-65 所示的效果作为瓶身。

5）选择瓶身，然后按〈F11〉快捷键打开"编辑填充"面板，选择类型为"线性"，
颜色为（A 为 R165，G:16，B:90；B 为 R:255，G:255，B:255；C 为 R:239，G:90，B:
156；D 为 R:173，G:24，B:99；E 为 R:173，G:16，B:107；F 为 R:140，G:33，B:82；G
为 R:206，G:74，B:132），然后单击"确定"按钮，如图 6-66 所示。

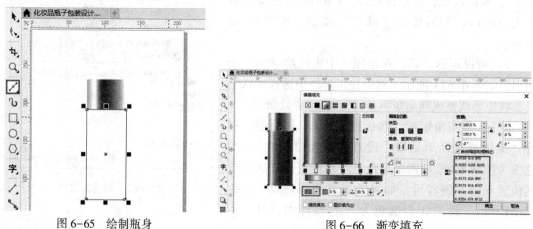

图 6-65　绘制瓶身

图 6-66　渐变填充

6）选择工具栏中的贝塞尔工具，绘制出图 6-67 的形状。

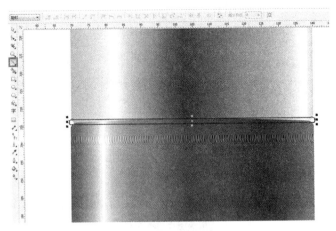

图 6-67　绘制形状

7）执行〈F11〉快捷键，弹出"编辑填充"对话框，设置类型为"线性"，然后将颜色设置为（A 为 R：176，G：167，B：172；B 为 R：255，G：255，B：255；C 为 R：110，G：90，B：101；D 为 R：199，G：193，B：197），单击"确定"按钮完成渐变填充设置，如图 6-68 所示。

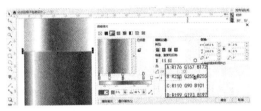

图 6-68　渐变填充

6.4.3　文字效果设置

1）选择工具栏中的文本工具，在图 6-69 所示的位置输入"大塘传奇"，然后在属性栏中设置字体为"华文隶书"，字号为 24 pt，如图 6-69 所示。

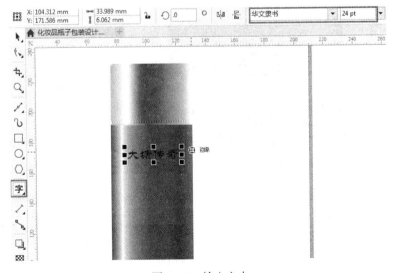

图 6-69　输入文本

2）选择工具栏中的文本工具，在绘图区中输入"乐活爽肤水"并在属性栏中设置字体为"华文琥珀"，字号为 24 pt，如图 6-70 所示。

图 6-70　输入并设置文字

3）选择工具栏中的文本工具，在绘图区中输入文本"净含量：135 毫升"并在属性栏中设置字体为"黑体"，字号为 12 pt，如图 6-71 所示。

图 6-71　输入并设置文字

4）使用选择工具框选文本，然后按〈F11〉快捷键打开"编辑填充"对话框，设置类型为"线性"，角度为"270.8°"（角度可以用鼠标在渐变中调整，到水平即可），设置颜色为自定义，将色条两侧设置成紫色，中间设置为白色（A 为 R:255，G:171，B:213；B 为 R:255，G:255，B:255；C 为 R:255，G:171，B:213），然后单击"确定"按钮完成渐变填充设置，如图 6-72 所示。

图 6-72　渐变填充

5）选择工具栏中的文本工具，在瓶身底部输入文本"大塘制造"，并设置字体为"黑体"，字号为 11 pt；然后在工具栏中选择均匀填充工具，弹出"编辑填充"对话框，设置填充颜色为 R:230，G:230，B:230，然后单击"确定"按钮，如图 6-73 所示，完成本例制作。最终效果如图 6-74 所示。

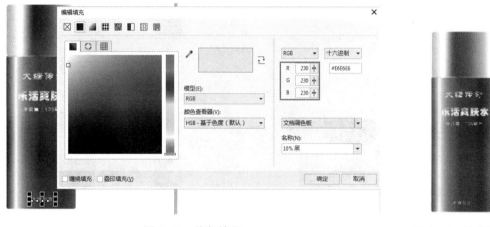

图 6-73　均匀填充　　　　　　　　　　　　　图 6-74　最终效果

6.5　实例 3：包装设计——巧克力包装设计

6.5.1　案例分析

1）本案例为设计制作一款巧克力的包装盒，根据产品的性质应该遵循诱人、美观、干净的原则。由于被包装的产品属于食物，因此要求总体看上去吸引人，固定良好且稳定大方。本案例选择常规的方盒设计方案，设计图如图 6-75 所示。

2）本案例用到的工具主要有矩形工具、填充工具、折线工具、艺术笔工具、画笔工具等。首先按照包装盒切线框的分布绘制出展开平面图，然后选择填充工具为包装各平面进行颜色填充。最后使用艺术笔工具为其添加装饰效果，如图 6-76 所示。

图 6-75　设计图

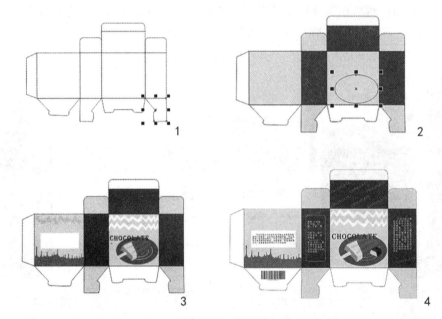

图 6-76　步骤图

6.5.2　包装盒模切版制作

1）打开 CorelDRAW 2017，执行"文件"/"创建新文档"菜单命令，弹出"创建新文档"对话框，设置名称为"巧克力包装设计"，纸张大小设置为 A4，原色模式为"CMYK"，然后单击"确定"按钮，如图 6-77 所示。

2）在工具栏中选择矩形工具，在绘图区中绘制一个矩形并在属性栏中设置长度为 64.292 mm，宽度为 63.765 mm，如图 6-78 所示。

3）选择矩形工具，创建长度为 63.748 mm、宽度为 31.221 mm 的矩形，如图 6-79 所示。

图 6-77　创建新文档

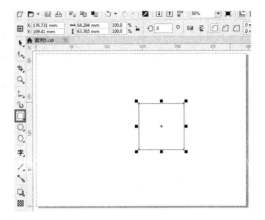

图 6-78　绘制矩形

4）选择工具栏中的矩形工具，绘制一个与图中左边同等大小的矩形，如图 6-80 所示。

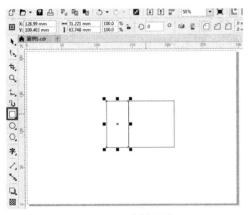

图 6-79　绘制矩形

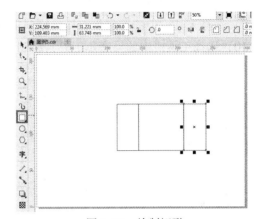

图 6-80　绘制矩形

5）选择工具栏中的矩形工具，绘制一个长度为 64.294 mm、宽度为 63.765 mm 的矩形，如图 6-81 所示。

6）继续使用矩形工具，绘制一个长度为 64.292 mm、宽度为 30.477 mm 的矩形，如图 6-82 所示。

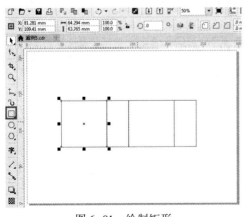

图 6-81　绘制矩形

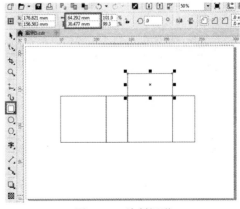

图 6-82　绘制矩形

7）选择工具栏中的贝塞尔工具，绘制出图6-83所示的图形。

8）选择工具栏中的贝塞尔工具，绘制出图6-84所示的图形。

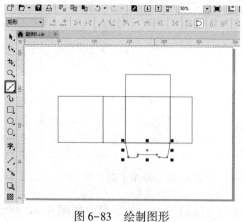

图6-83　绘制图形

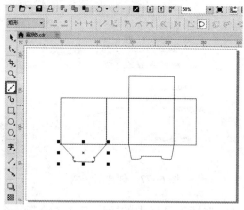

图6-84

9）选择工具栏中的贝塞尔工具，绘制出图6-85所示的图形。

10）选择工具栏中的贝塞尔工具，绘制出图6-86所示的图形。

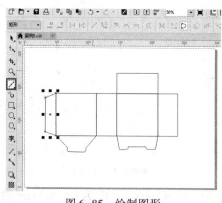

图6-85　绘制图形

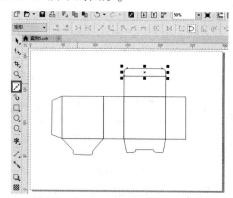

图6-86　绘制图形

11）选择工具栏中的贝塞尔工具，绘制出一个图6-87所示的形状。

12）选择工具栏中的贝塞尔工具，绘制出一个图6-88所示的形状，接着按住〈+〉键复制一个，然后单击"水平镜像"图标，将图形放置在包装的另一面。

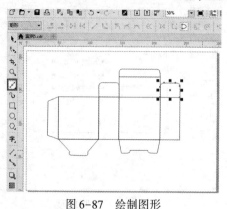

图6-87　绘制图形

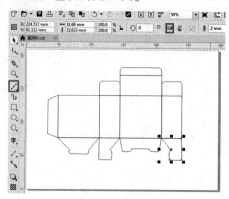

图6-88　绘制图形

6.5.3 填充颜色

1）按住〈Shift〉键单击图中的三个矩形，结合〈F11〉快捷键，弹出"编辑填充"对话框，选择"均匀填充"并设置其颜色为褐色（R:102，G:54，B:43），如图6-89所示。

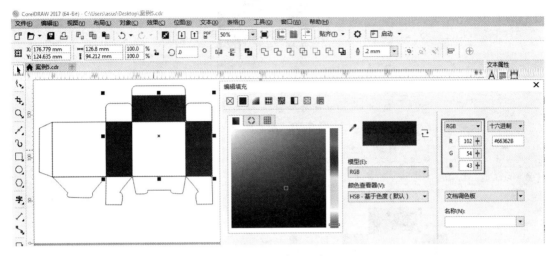

图6-89 填充褐色

2）按住〈Shift〉键选择图中的灰白色部分的图形，结合〈F11〉快捷键，弹出"编辑填充"对话框，选择"均匀填充"并设置其颜色为灰白色（R:222，G:224，B:221），如图6-90所示。

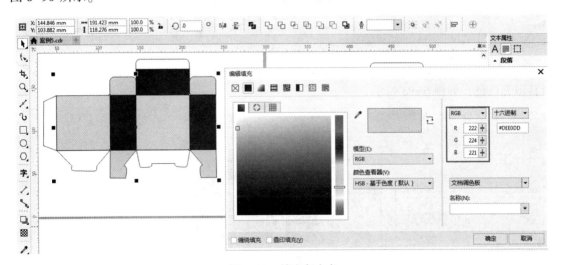

图6-90 填充灰白色

3）在工具栏中单击椭圆形工具，在图中的位置拖动鼠标绘制一个椭圆形，如图6-91所示。

4）用选择工具单击椭圆，按〈F11〉快捷键，弹出"编辑填充"对话框，选择"均匀填充"并填充颜色（R:111，G:98，B:90），如图6-92所示。

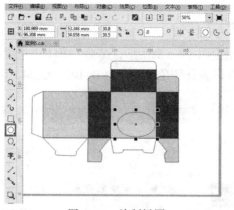

图 6-91　绘制椭圆

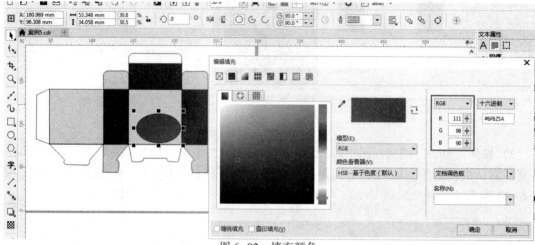

图 6-92　填充颜色

5）在工具栏中选择多边形工具，选择螺纹，在图中的圆形上拖动鼠标绘制一个螺纹，为其填充白色，如图 6-93 所示。

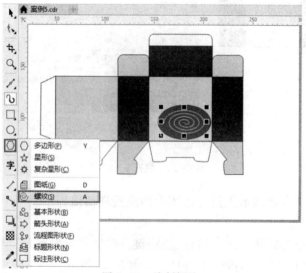

图 6-93　绘制螺纹

6）使用工具栏中的贝塞尔工具图形，用形状工具配合调整，绘制出一个图 6-94 所示的形状。

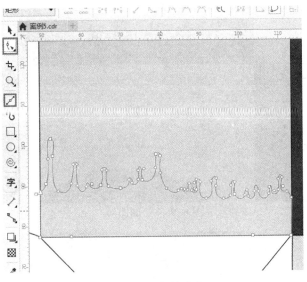

图 6-94　绘制图形

7）用选择工具单击图中图形，按〈F11〉快捷键，弹出"编辑填充"对话框，为图形填充颜色（R:137，G:120，B:112），如图 6-95 所示。

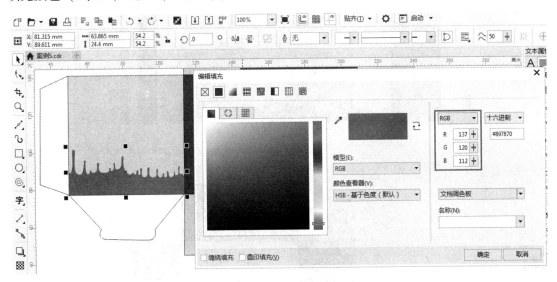

图 6-95　填充颜色

8）选择工具栏中的折线工具，在绘图区中绘制图形，如图 6-96 所示。

9）选择图形，在调色板上用鼠标左键单击白色，鼠标右键单击⊠"无"去除描边，如图 6-97 所示。

10）使用工具栏中的选择工具，按住〈+〉键，拖动图形进行复制，摆放至下方，如图 6-98 所示。

179

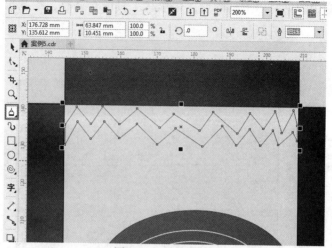

图 6-96　绘制图形

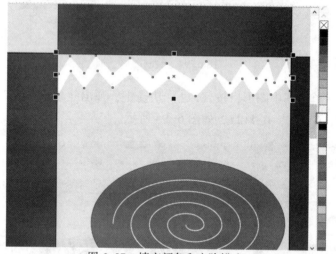

图 6-97　填充颜色和去除描边

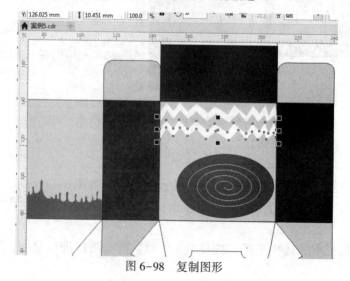

图 6-98　复制图形

11）使用工具栏中的文本工具，在图上单击，输入文字"CHOCOLATE"，字体为"Algerian"，字体大小为24 pt，如图6-99所示。

图6-99　输入文字并设置字体

12）按〈F11〉快捷键，弹出"编辑填充"对话框，选择均匀填充，为文字填充颜色（R:51，G:44，B:43），如图6-100所示。

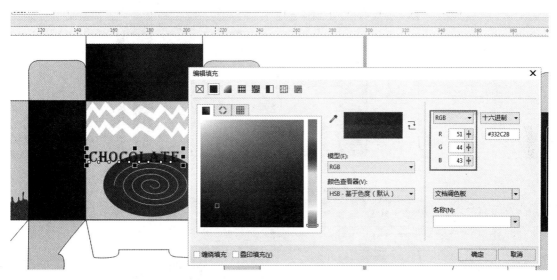

图6-100　填充颜色

13）使用工具栏中的艺术笔工具，在属性栏中选择喷涂工具，类别选择"食物"，选择糖果图样，喷涂对象大小为26，每个色块中的图像数和图像间距为8，在图中的位置进行绘制，如图6-101所示。

14）用选择工具单击糖果图形，在调色板中用鼠标左键单击，为图形的边填充灰色，再用鼠标右键单击⊠，去掉为图形填充的颜色，如图6-102所示。

15）选择工具栏中的矩形工具，在图中绘制一个矩形，如图6-103所示。

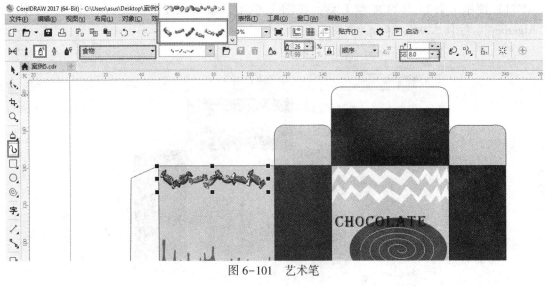

图 6-101　艺术笔

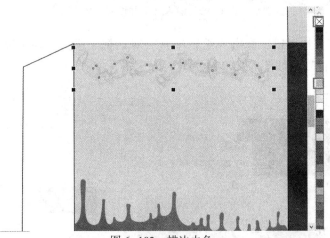

图 6-102　描边去色

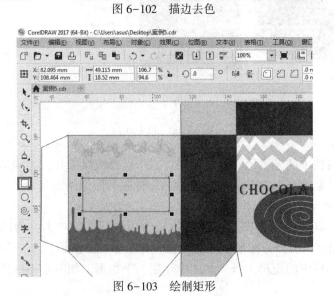

图 6-103　绘制矩形

16）用选择工具单击矩形，为矩形填充白色并用鼠标右键单击⊠去边，如图 6-104 所示。

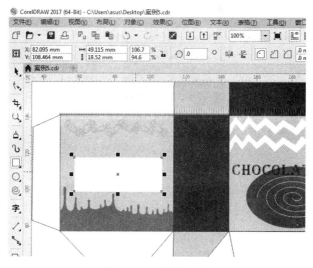

图 6-104　填充颜色

6.5.4　绘制组合图

1）使用工具栏中的贝塞尔工具，在绘图板外绘制一个图形，如图 6-105 所示。

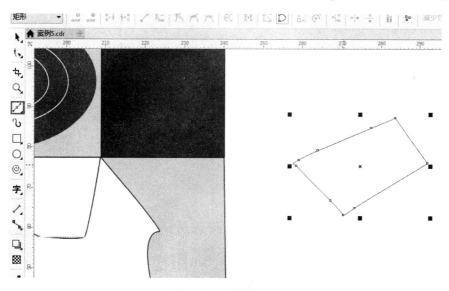

图 6-105　绘制图形

2）按〈F11〉快捷键，弹出"编辑填充"对话框，为图形填充颜色（R:224，G:231，B:223），如图 6-106 所示。

3）使用工具栏中的贝塞尔工具，绘制一个图形，如图 6-107 所示。

4）按〈F11〉快捷键，弹出"编辑填充"对话框，为图形填充颜色（R:161，G:161，B:161），如图 6-108 所示。

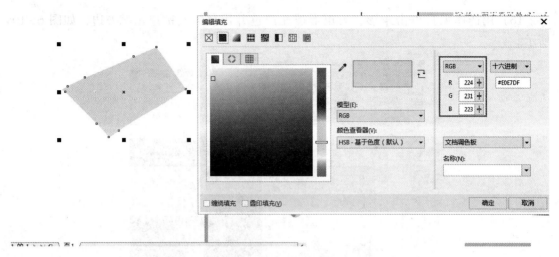

图 6-106　填充颜色

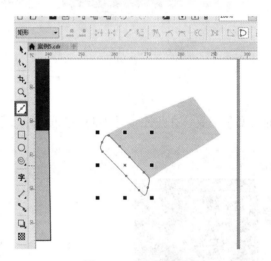

图 6-107　绘制图形

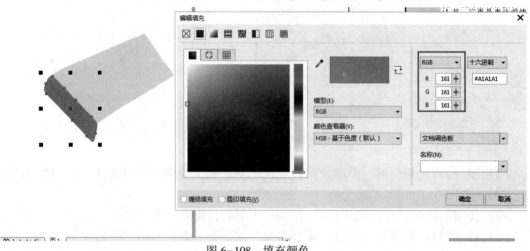

图 6-108　填充颜色

5）使用贝塞尔工具，绘制一个图形，如图 6-109 所示。

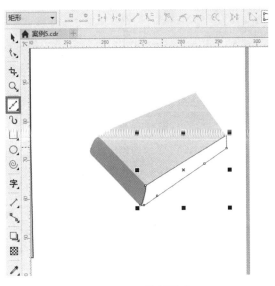

图 6-109　绘制图形

6）按〈F11〉快捷键，弹出"编辑填充"对话框，为图形填充颜色（R:220，G:221，B:221），如图 6-110 所示。

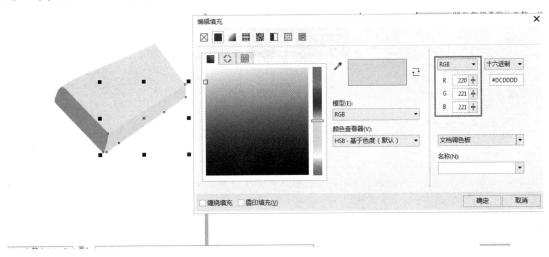

图 6-110　填充颜色

7）使用矩形工具，绘制矩形，使用形状工具单击矩形的一个角点，拖动鼠标使矩形变成圆角矩形，再使用选择工具对图形进行旋转，按住〈+〉键复制并旋转，如图 6-111所示。

8）按住〈Shift〉键选中两个圆角矩形去边，再按〈F11〉快捷键，弹出"编辑填充"对话框，为图形填充颜色（R:205，G:212，B:204），如图 6-112 所示。

9）使用贝塞尔工具，绘制一个图形，用形状工具进行调整，如图 6-113 所示。

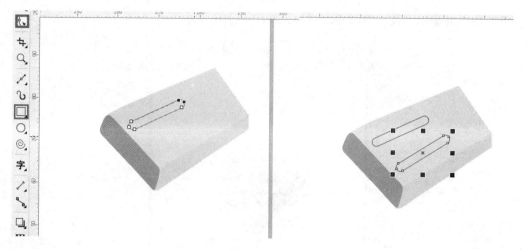

图 6-111 矩形转变

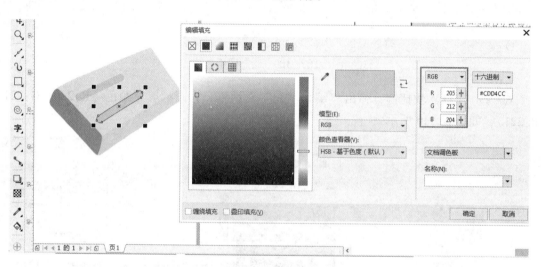

图 6-112 填充颜色

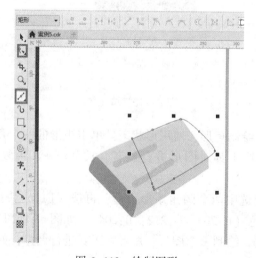

图 6-113 绘制图形

10）按〈F11〉快捷键，弹出"编辑填充"对话框，为图形填充颜色（R:144，G:107，B:91），如图 6-114 所示。

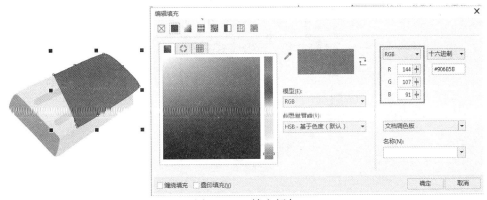

图 6-114 填充颜色

11）使用贝塞尔工具，绘制一个图形，用形状工具进行调整，如图 6-115 所示。

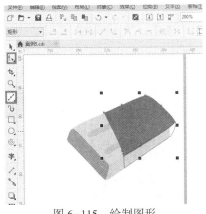

图 6-115 绘制图形

12）按〈F11〉快捷键，弹出"编辑填充"对话框，为图形填充颜色（R:133，G:92，B:75），如图 6-116 所示。

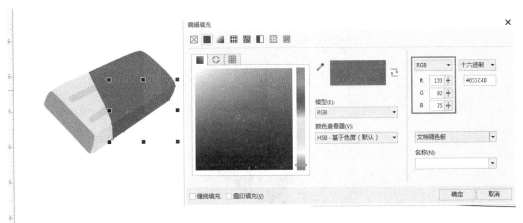

图 6-116 填充颜色

13）使用矩形工具，绘制矩形，使用形状工具单击矩形的一个角点，拖动鼠标使矩形变成圆角矩形，再使用选择工具对图形进行旋转，按住〈+〉键复制并旋转，如图6-117所示。

图6-117　绘制圆角矩形

14）按住〈Shift〉键选中两个圆角矩形去边，再按〈F11〉快捷键，弹出"编辑填充"对话框，为图形填充颜色（R:133，G:92，B:75），如图6-118所示。

图6-118　填充颜色

15）使用贝塞尔工具，绘制一个图形，用形状工具进行调整，如图6-119所示。

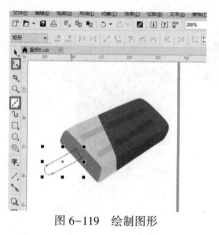

图6-119　绘制图形

16）按〈F11〉快捷键，弹出"编辑填充"对话框，为图形填充颜色（R:236，G:228，B:207），如图 6-120 所示。

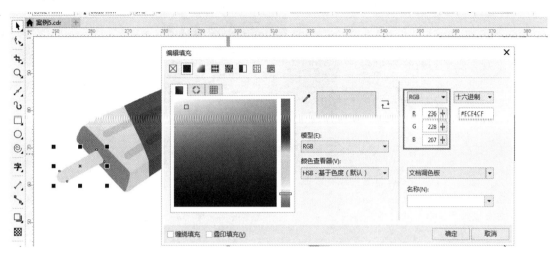

图 6-120　填充颜色

17）选中整个图形，按住〈Ctrl+G〉组合键组合图形，移动图形至图中位置，如图 6-121 所示。

18）执行"文件"/"导入"菜单命令，打开"案例素材\CH06\巧克力素材"素材文件，使用选择工具，调整素材大小，放置到图中位置，如图 6-122 所示。

图 6-121　组合图形和移动

图 6-122　导入素材

19）使用矩形工具，绘制矩形，使用形状工具单击矩形的一个角点，拖动鼠标使矩形变成圆角矩形，如图 6-123 所示。

20）选择工具栏中的文本工具，在左侧绘制出一个文本框，如图 6-124 所示。

21）打开"案例素材\CH06\巧克力文本素材 1"素材文件，将文字全部复制，然后粘贴在文本框中，设置字体为"黑体"，字体大小为 7 pt，如图 6-125 所示。

图 6-123　绘制圆角具形

图 6-124　绘制文本框

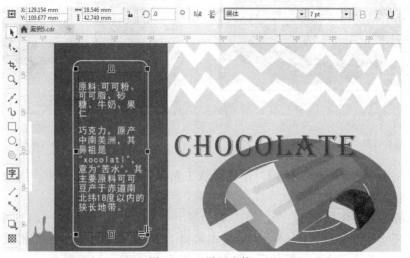

图 6-125　设置字体

22）选择工具栏中的文本工具，在图中右侧绘制一个文本框，打开"案例素材\CH06\巧克力文本素材 2"素材文件，将文字全部复制，然后粘贴在文本框中，设置字体为"黑体"，字体大小为 7 pt，如图 6-126 所示。

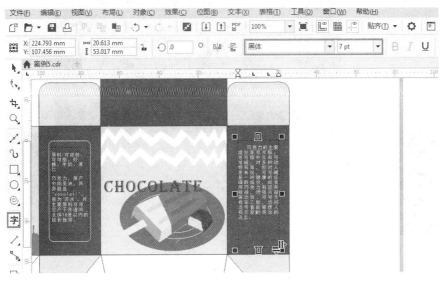

图 6-126　设置字体

23）选择工具栏中的文本工具，输入文字"CHOCOLATE"，设置字体为 Algerian，字体大小为 11 pt，使用选择工具单击文字，旋转字体，移动至图中左侧位置，按〈F11〉快捷键，设置其颜色为（R:137，G:120，B:112），按〈+〉键复制一个至图中右侧，如图 6-127 所示。

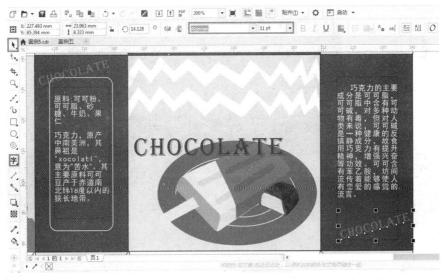

图 6-127　复制并移动文字

24）选择工具栏中的文本工具，在图中输入"CHOCOLATE"，设置字体为 Algerian，字体大小为 11 pt，使用选择工具单击文字，旋转字体，如图 6-128 所示。

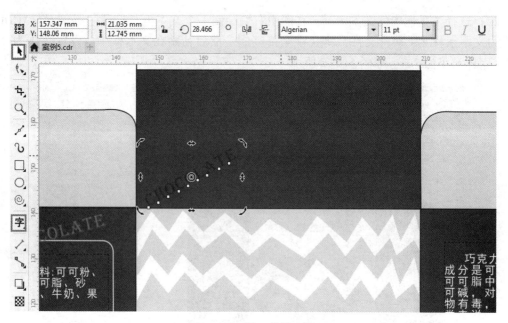

图 6-128　设置旋转字体

25）按〈+〉键复制文字，移动并摆放至图中位置，如图 6-129 所示。

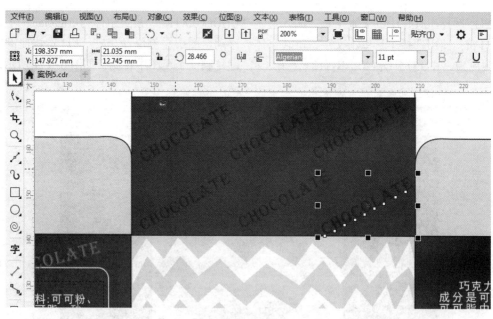

图 6-129　移动文字

26）按住〈Shift〉键选中图中的所有文字，再按〈F11〉快捷键，弹出"编辑填充"对话框，为图形填充颜色（R:102，G:54，B:43），如图 6-130 所示。

27）选择工具栏中的文本工具，在图中白色矩形上绘制一个文本框，打开"案例素材\CH06\巧克力文本素材 3"素材文件，将文字全部复制，然后粘贴在文本框中，设置字体为"黑体"，字体大小为 6 pt，如图 6-131 所示。

图 6-130　填充文字颜色

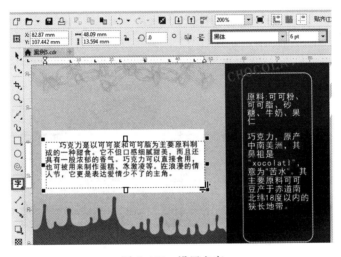

图 6-131　设置文字

28）执行"对象"/"插入条码"菜单命令，设置其参数，单击"下一步"按钮后再单击"完成"按钮，如图 6-132 所示。

图 6-132　插入条码

29）缩放条码大小，并移动其位置，如图 6-133 所示，完成本例操作，最终效果如图 6-134 所示。

图 6-133　调整条码

图 6-134　最终效果

第7章 CorelDRAW 2017 招贴（海报）设计

7.1 关丁海报

竹子

7.1.1 起源与发展

1）上海是海报这一名称的起源地。在旧上海，人们通常用"海"来称谓职业性的戏剧表演，把关于剧目演出的具有宣传性的招徕顾客的张贴物称为"海报"。

2）经过时代的演变，现在"海报"所指的已不只职业性表演的专用张贴物，而变为向广大群众宣传介绍有关体育比赛、文艺演出、展览等活动的信息招贴。大多加以美术设计。由于海报具有向群众介绍某一物体、事件的特性，与广告一样，所以海报也是广告的一种，属于户外广告，分布在街头、展览会、文艺晚会、公园、影剧院等公共场所。国外也称之为"瞬间"的街头艺术。"海报"也称"宣传画"或"宣传海报"。宣传海报具有画面大、内容广泛、远视效果强、艺术表现力丰富等其他广告所不具备的特征。

7.1.2 海报的类别

海报按照用途一般可分为公益海报、文化海报、电影海报和商业海报。

1）带有一定思想性的海报称为公益海报。公益海报具有宣传道德、社会公益、宣传政治思想、弘扬爱心奉献、共同进步精神等特性，具有特定的对观众的教育意义。

2）各种社会文娱活动及各类展览的宣传海报称为文化海报。不同的展览有不同的特点，要运用恰当的方法表达其内容和风格，设计师需要先了解展览和活动的内容。

3）电影海报作为海报的一个分支，主要是起到吸引公众注意，刺激电影票房收入的作用，与戏剧海报、文化海报较为类似。

4）宣传商业服务或商品的商业广告性海报称为商业海报。其具有促进商品销售的作用，商业海报设计，要恰当地配合受众对象和产品格调。

7.1.3 海报的规格、输出与印刷

1）标准尺寸：13 cm×18 cm、19 cm×25 cm、30 cm×42 cm、42 cm×57 cm、50 cm×70 cm、60 cm×90 cm、70 cm×100 cm。

2）常见尺寸是：42 cm×57 cm、50 cm×70 cm。

3）（商用的）特别常见的是：50 cm×70 cm。

4）纸张大小：A0 = 840 mm×1189 mm、A1 = 594×840 mm、A2 = 594×420 mm、A3 = 297×420 mm、A4 = 297×210 mm。

5）海报开本时应将分辨率设置在 300 dpi 以上；边缘预留 3 mm 出血位，即在一般大小

基础上长宽各加 6 mm；色彩模式为 CMYK，减小印刷色差。

6）海报输出格式为：PDF、AI、EPS、TIF、PSD、JPG（矢量格式为佳）。

7.2 CorelDRAW 2017 海报设计技术详解

7.2.1 关于出血位

1）在制作时一般会有设计尺寸和成品尺寸。设计尺寸大于成品尺寸，多出来的部分将在印刷后裁切掉，裁切掉的部分称为出血或出血位。出血位是印刷术语，是避免裁切后的成品露白边或裁到内容。在 CorelDRAW 2017 中，新建文档后，双击绘图区边框，在弹出的"选项"对话框中选择"页码尺寸"，设置出血位大小为 3 mm，并勾选"显示出血区域"复选框，如图 7-1 所示。

2）显示出血区域后，绘图区周围出现较细的蚂蚁线（出血框），出血框到绘图框部分为出血区域。执行"视图"／"页"／"出血"菜单命令可以选择开启或关闭出血，如图 7-2 所示。

图 7-1 设置出血区域　　　　　　　　　图 7-2 开启或关闭出血

7.2.2 可打印区域

1）可打印区域指的是实际打印范围的大小，为确保打印成品的完整性，通常会使用可打印区域。在一般情况下，"可打印区域"与"出血区域"结合使用。出血区域比可打印区域稍大，为避免成品边框露白，通常将背景图层拉到出边框，即超出可打印区域；为避免成品裁切到内容，通常将内容放置可打印区域内。在 CorelDRAW 2017 中新建文档后，执行"视图"／"页"／"可打印区域"菜单命令可显示或隐藏可打印区域，如图 7-3 所示。

2）显示可打印区域后，出现一个与绘图区同等大小的较粗蚂蚁线边框（可打印区域），如图 7-4 所示。

图 7-3　设置可打印区域　　　　图 7-4　显示可打印区域

3）"可打印区域"与"出血区域"结合使用，打开"可打印区域"的情况下，打开"出血位"将出血大小设置为 3 mm，如图 7-5 所示。绘制一个与出血区域边框同等大小的矩形，进行颜色填充，覆盖在色块区域上的部分为可打印区域，打印时不会有蚂蚁线出现，如图 7-6 所示。

图 7-5　出血位与可打印区域　　　　图 7-6　蚁行线

7.2.3　文本属性

1）打开 CorelDRAW 2017 新建文档后，执行"文本"/"文本属性"菜单命令，在界面右侧弹出"文本属性"泊坞窗，如图 7-7 所示。

2）"文本属性"泊坞窗包含字符、段落和图文框三个属性设置区域，单击下拉按钮可展开或隐藏内容，如图 7-8 所示。

3）在选中文字的情况下，在字符属性设置区域里可设置对齐形式、字体样式、下画线、字体大小、字间距、字体颜色填充类型、颜色、背景颜色填充类型、颜色、轮廓大小、字符删除线、字符上画线、字符垂直、水平移动、字符旋转角度等，如图 7-9 所示。

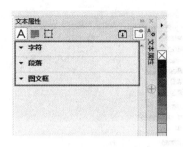

图 7-7 文本　　　　　　　　　　　　图 7-8 文本属性

4）在选中文字的情况下，在"文本属性"泊坞窗中可设置文本对齐方式、缩放方式、字间距、行间距、段落间距、背景颜色及文本方向等，如图 7-10 所示。

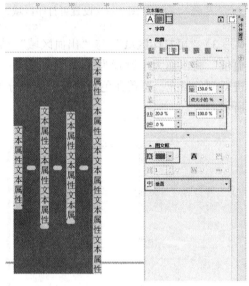

图 7-9　文本属性　　　　　　　　　　　图 7-10　段落属性

7.3　实例1：师生作品展海报设计

7.3.1　创意与技术分析

1）海报设计分析：设计师的构思主要突出"展"字，将"展"字放正中并做立体效果及颜色渐变处理，目的是让人在远处就能知道这是展览的宣传海报。绿色象征着生命、活力、和谐与自然，能够给人一种较舒服的视觉效果，因此使用绿色作为海报的主颜色。相关信息用竖排进行排版，看上去条理性较强，整体效果较独特，能够给人留下较深印象。

2）软件运用分析：本实例主要练习出血位工具、文本工具、形状工具、立体化工具及渐变填充的运用。最终效果如图 7-11 所示，制作过程如图 7-12 所示。

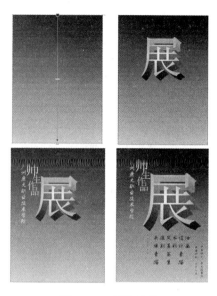

图 7-11　最终效果　　　　　　　　图 7-12　制作过程

7.3.2　新建文档

1）打开 CorelDRAW 2017，执行"文件"／"新建"菜单命令（组合键为〈Ctrl+N〉），此时会弹出一个"创建新文档"对话框，设置名称为"师生海报作品展"，大小设置为 A4，宽为 210 mm，高为 297 mm，竖向摆放，原色模式设置为"CMYK"，分辨率设置为 300 dpi，单击"确定"按钮完成新建，如图 7-13 所示。

2）双击绘图区灰色边框，会弹出"选项"对话框，选择"页面尺寸"，勾选"显示出血区域"复选框，设置出血为 3 mm，如图 7-14 所示。

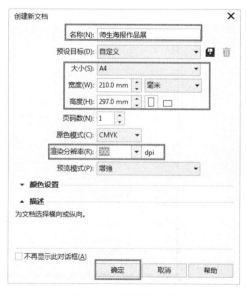

图 7-13　创建新文档

3）效果如图 7-15 所示。

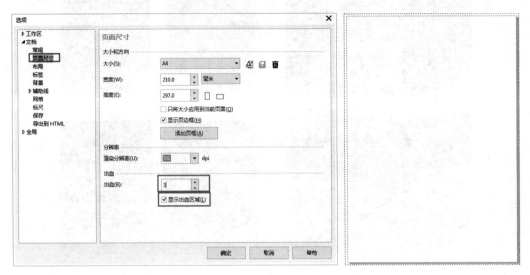

图 7-14　设置出血区域　　　　　　　　　　　　图 7-15　出血区域效果

7.3.3　制作海报背景

1）在工具栏中选择矩形工具□，绘制一个与出血区域同样大小的矩形，如图 7-16 所示。

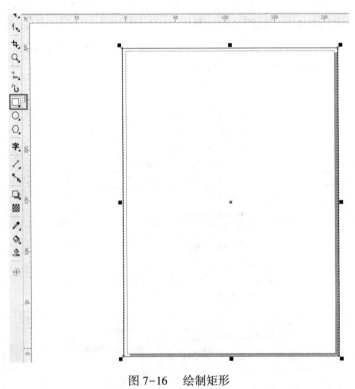

图 7-16　绘制矩形

2）在工具栏中选择交互式填充工具 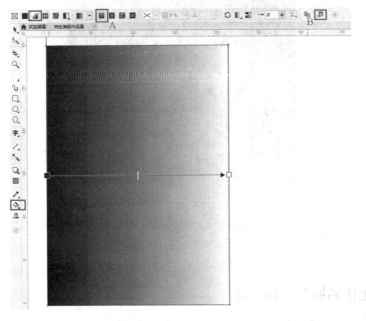 ，单击 A 处，设置为"线性渐变"，再单击 B 处，如图 7-17 所示。此时会弹出"编辑填充"对话框，设置角度为"-90%"，单击 A 处，再单击 B 处，设置 CMYK 为 C:90、M:75、Y:95、K:70。用同样的方法设置另一个色标为 C:65、M:0、Y:95、K:0，如图 7-18 所示。

图 7-17　交互式填充

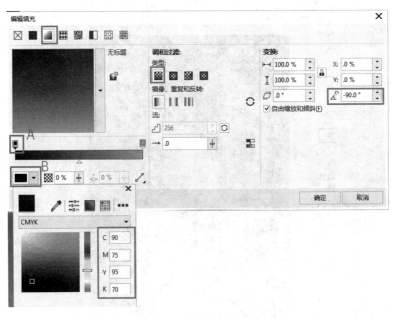

图 7-18　设置渐变参数

3）单击"确定"按钮，效果如图 7-19 所示。

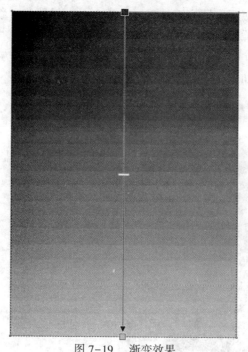

图 7-19　渐变效果

7.3.4　"师生作品展"字体设计

1) 在工具栏中选择文本工具**字**，然后在绘图区中输入"展"字，如图 7-20 所示。

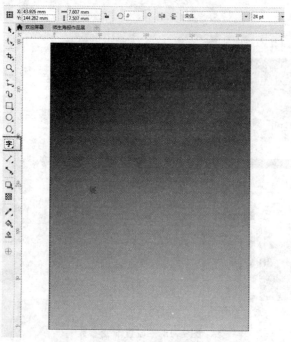

图 7-20　输入文本

2) 选择"展"字，设置字体样式为"新宋体"，字体大小为 300 pt，如图 7-21 所示。

3）选择"展"字，按〈+〉键，复制一个"展"字，并用选择工具拖动，如图7-22所示。

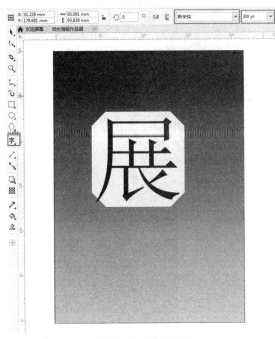

图7-21　设置文本

图7-22　复制文本

4）在工具栏中选择交互式填充工具◇，单击A处设置为"线性渐变"，再单击B处，如图7-23所示。此时弹出"编辑填充"对话框，设置角度为-90.0°，单击A处再单击B处，

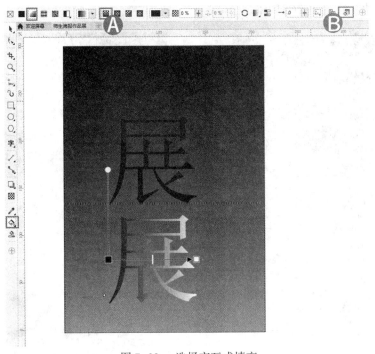

图7-23　选择交互式填充

设置 CMYK 为 C:90、M:80、Y:95、K:75，以同样的方法设置另一个色标为 C:70、M:10、Y:95、K:10，如图 7-24 所示。

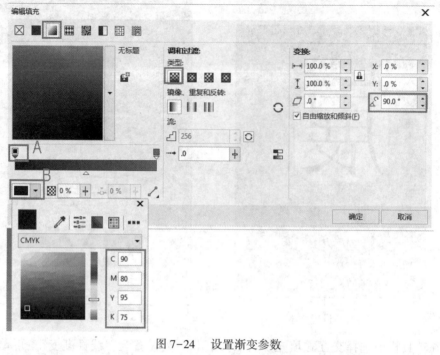

图 7-24　设置渐变参数

5）效果如图 7-25 所示。选择渐变的"展"字，按〈+〉键，复制一个"展"字，并用选择工具拖动，如图 7-26 所示。

图 7-25　渐变效果

图 7-26　复制文本效果

6）在工具栏中选择调和工具，如图 7-27 所示。用鼠标左键单击渐变的"展"字图层，按住鼠标左键，拖动至另外一个渐变的"展"字图层，松开鼠标左键，调整调和的方向，用鼠标左键按住调和控制柄的白色控制点，进行拖动可调整调和方向及大小。在属性栏中设置调和对象，将调和对象参数设置为 50，如图 7-28 所示。

图 7-27　调和工具

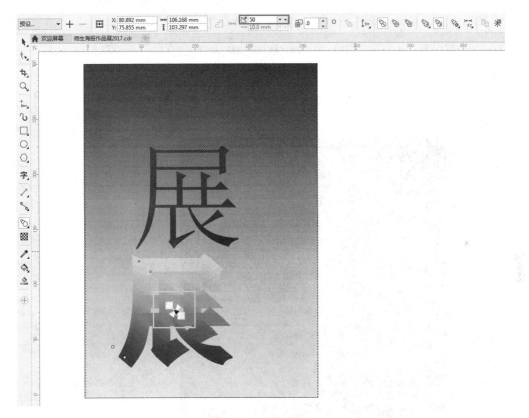

图 7-28　调整调和

7）效果如图 7-29a 所示。选择未渐变的"展"字，单击鼠标右键，在弹出的快捷菜单中选择"顺序"/"到图层前面"命令，如图 7-29b 所示。

8）选择未渐变的"展"字，选择工具栏中的交互式填充工具，单击 A 处，设置渐变类型为"椭圆形渐变"，单击 B 处，如图 7-30 所示，此时会弹出"编辑填充"对话框，单击 A 处再单击 B 处，设置 CMYK 为 C:75、M:5、Y:100、K:0。以同样的方法设置另一个色标为 C:10、M:0、Y:20、K:0，如图 7-31 所示。

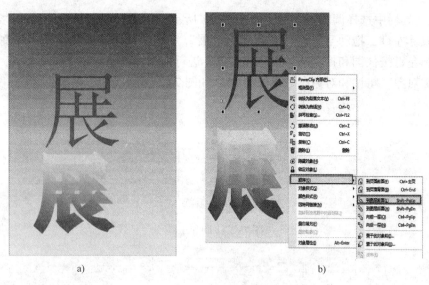

a)   b)

图 7-29   调和效果及图层顺序设置

a）调和效果   b）设置图层顺序

图 7-30   选择交互式填充工具

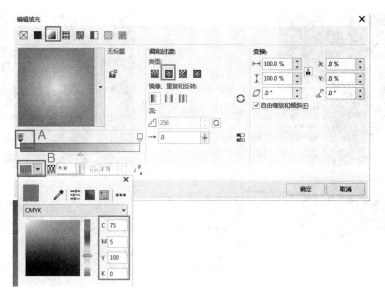

图 7-31　设置渐变参数

9）效果如图 7-32 所示。单击鼠标右键，在弹出的快捷菜单中选择"顺序"/"到图层前面"命令，如图 7-33a 所示，用选择工具 ▶ 调整文本位置，效果如图 7-33b 所示。

图 7-32　填充效果

10）选择工具栏中的文本工具 **字**，在绘图区输入"师"，并设置字体样式为"新宋体"，字体大小为 100 pt，如图 7-34 所示。

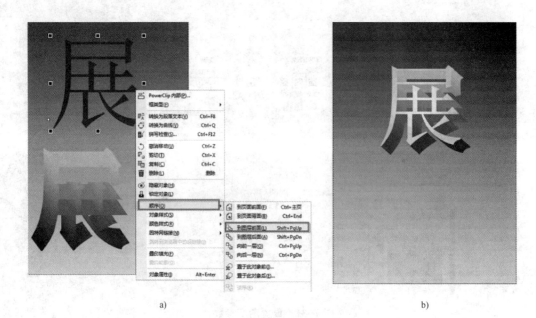

图 7-33　文本效果

a）调整图层顺序　b）调整位置文字效果

图 7-34　输入并设置文本参数

11）用以上方法，再输入"生"字，设置字体样式为"新宋体"，字体大小为 72 pt，如图 7-35 所示。用刚才的方法分别输入"作""品"，设置字体样式为"新宋体"，字体大小为 72 pt，效果如图 7-36 所示。

图 7-35　输入文字

12）调整文本的位置，效果如图 7-37 所示。

图 7-36　分别输入文字

图 7-37　调整文字位置效果

13）利用工具栏中的选择工具，选择"作"字，然后单击鼠标右键，在弹出的快捷菜单中选择"转换为曲线"命令，如图 7-38 所示，选择形状工具，如图 7-39 所示。

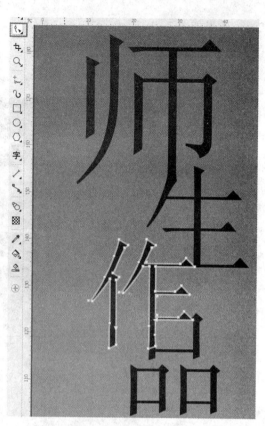

图 7-38　转换为曲线　　　　　　　　　　　图 7-39　选择形状工具

14）单击节点调整个别点的位置，去掉部分笔画，如图 7-40 所示。

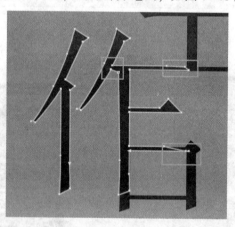

图 7-40　形状工具调整后效果

15）用选择工具 ▶ 全选"师生作品"四字，单击鼠标右键，在弹出的快捷菜单中选择"合并"命令，如图 7-41 所示，效果如图 7-42 所示。

16）使用工具栏中的交互式填充工具 ◈，单击 A 处，设置渐变类型为"线性渐变"，单击 B 处，如图 7-43 所示，此时会弹出"编辑填充"对话框，单击 A 处再单击 B 处，设置 CMYK 为 C:65、M:10、Y:95、K:5。以同样的方法设置另一个色标为 C:30、M:0、Y:50、

K:0，角度为 270°，如图 7-44 所示。

图 7-41　合并文本

图 7-42　合并效果

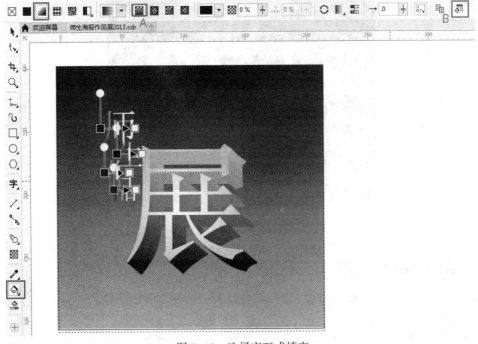

图 7-43　选择交互式填充

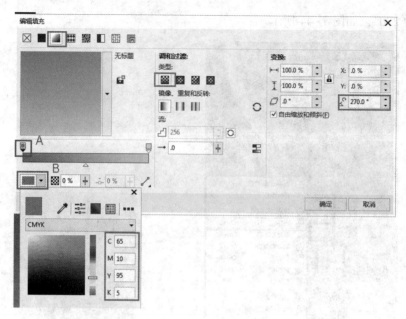

图 7-44　设置填充参数

17) 用选择工具 ▶ 调整文本位置, 效果如图 7-45 所示。

图 7-45　调整文本位置效果

7.3.5　信息的编辑及排版

1) 在工具栏中选择文本工具 **字**, 在绘图区输入 "广州康大职业技术学院", 然后在属性栏中将字体设置为 "方正舒体", 大小为 40 pt, 将文本改为垂直方向, 如图 7-46a 所示, 在菜单栏中执行 "文本" / "文本属性" 菜单命令, 此时会弹出 "文本属性" 泊坞窗, 设置字体间距为-10%，如图 7-46b 所示。

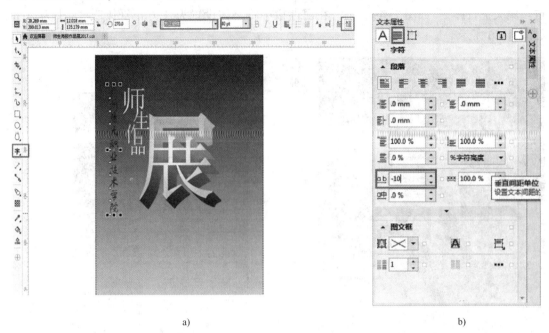

a)   b)

图 7-46 设置文本参数

a) 设置字体参数   b) 设置文本属性

2) 使用工具栏中的交互式填充工具 ，单击 A 处，设置渐变类型为"线性渐变"。单击 B 处，如图 7-47a 所示，此时会弹出"编辑填充"对话框，单击 A 处再单击 B 处设置 CMYK 为 C:65、M:10、Y:95、K:5。以同样的方法设置另一个色标为 C:30、M:0、Y:50、K:0，角度为 270°，如图 7-47b 所示。效果如图 7-48 所示。

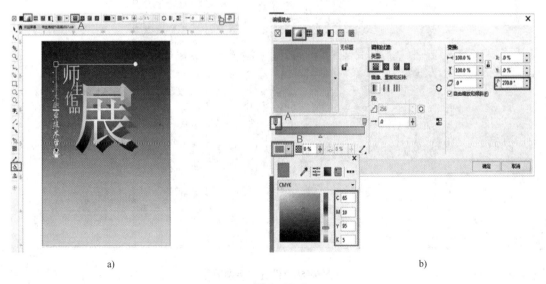

a)   b)

图 7-47

a) 选择交互式填充   b) 设置填充参数

3）在工具栏中选择文本工具**字**，在绘图区分别输入"开幕时间：六月八号""开幕地点：康大报告厅"，如图7-49所示。在属性栏中将字体设置为"方正舒体"，大小为20 pt，如图7-50所示。

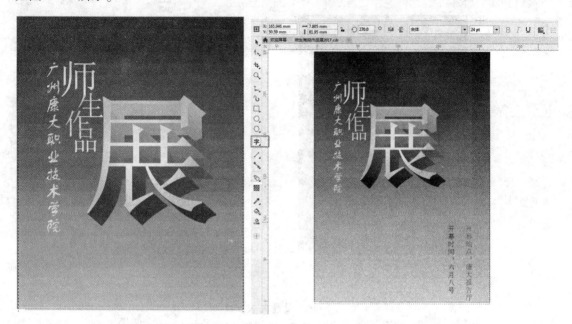

图7-48　填充效果　　　　　　　　　　　　　　　　图7-49　输入文字

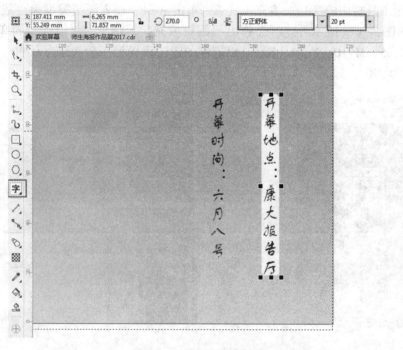

图7-50　设置文字参数

4）在工具栏中选择文本工具**字**，在绘图区按住鼠标左键进行拖动，绘制出文本框，如图7-51a所示。在文本框中输入"油画 设计素描 水彩 风景写生 摄影 头像素描 ……"如

图 7-51b 所示，并在属性栏中设置字体为"方正舒体"，大小为 48 pt，如图 7-52 所示。

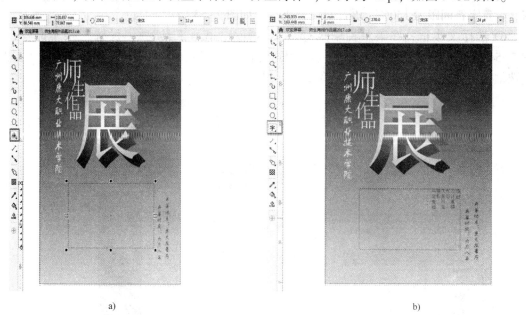

a)   b)

图 7-51　文本工具

a）绘制文本框　b）输入文字

图 7-52　设置文本参数

5）在菜单栏中执行"文本"／"文本属性"菜单命令，此时会弹出"文本属性"泊坞窗，设置字符间距为150%，语言间距为20%，如图7-53所示。

6）选择文本框，在菜单栏中执行"文本"／"书写工具"／"设置"菜单命令，如图7-54所示，此时会弹出"选项"对话框，选择"段落文本框"，不勾选"显示文本框"复选框，如图7-55所示。

图7-53　设置文本属性

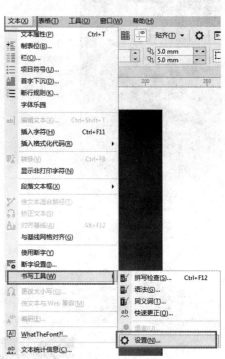

图7-54　书写工具

图7-55　设置选项

7）在工具栏中选择选择工具，调整文本位置和大小，使整体更协调，完成本例制作，最终效果如图7-56所示。

图7-56　最终效果

7.4　实例2：公益海报设计

7.4.1　创意与技术分析

1）公益海报设计分析：公益海报的目的是起到提醒、启发与教育的作用。所以一般用说服力较强的图片作为设计元素。本节制作的是以"吸烟有害健康"为主题的公益海报。所以以香烟为主要设计元素，吸烟会影响健康，所以以心电图为辅助设计元素。再加上字体说明完成制作。

2）软件运用分析：本实例主要练习文本工具、折线工具、形状工具及交互式填充的运用。最终效果如图7-57所示，制作过程如图7-58所示。

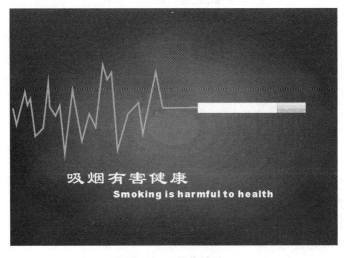

图7-57　最终效果

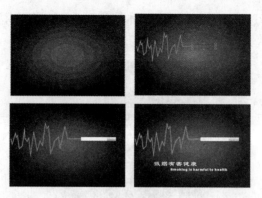

图 7-58　制作过程

7.4.2　新建文档

打开 CorelDRAW 2017，执行"文件"/"新建"菜单命令（组合键为〈Ctrl+N〉），弹出"创建新文档"对话框，设置名称为"公益海报设计 500"，大小设置为 A4，宽为 297 mm，高为 210 mm，设置横向摆放，原色模式设置为 CMYK，分辨率设置为 500 dpi，单击"确定"按钮完成新建，如图 7-59 所示。

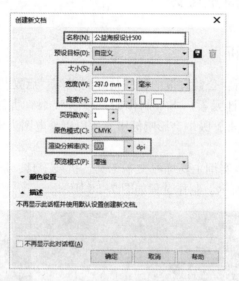

图 7-59　创建新文档

7.4.3　绘制海报背景

1）在工具栏中选择矩形工具▢，绘制一个与绘图区同样大小的矩形，如图 7-60 所示。

2）在工具栏中选择交互式填充工具◇，单击 A 处为"渐变填充"，然后单击 B 处，如图 7-61 所示，此时会弹出"编辑填充"对话框，设置渐变类型为"椭圆形渐变填充"，单击 A 处，再单击 B 处，分别设置 CMYK 为 C:90、M:75、Y:95、K:70 和 C:90、M:60、Y:100、K:10，如图 7-62 所示。

图 7-60　绘制矩形

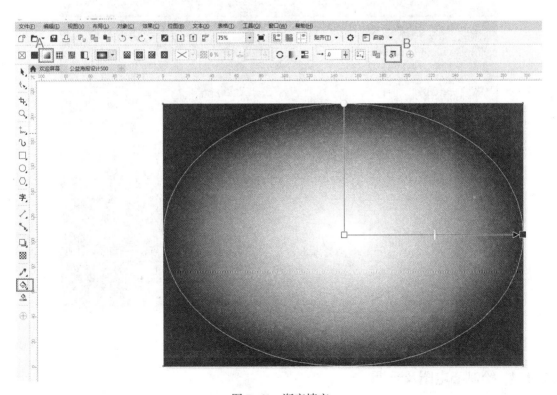

图 7-61　渐变填充

3) 单击"确定"按钮，渐变效果如图 7-63 所示。

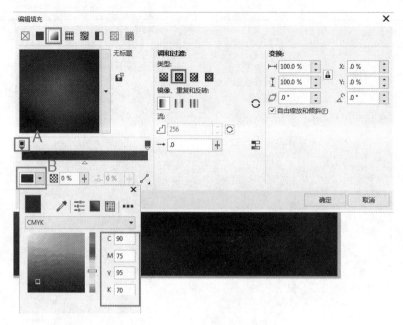

图 7-62　渐变填充对话框

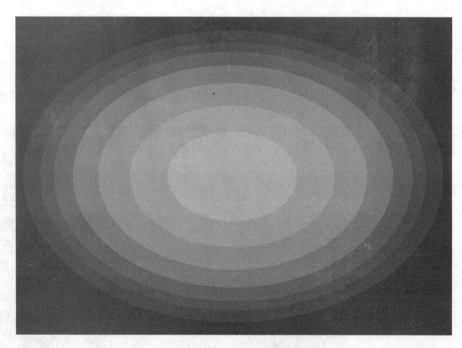

图 7-63　渐变效果

7.4.4　绘制心电图及香烟

1）在工具栏中选择折线工具🖊，如图 7-64 所示。在绘图区绘制出"心电图"折线，并在属性栏中将轮廓粗细更改为 1.5 mm，如图 7-65 所示。

图 7-64 折线工具

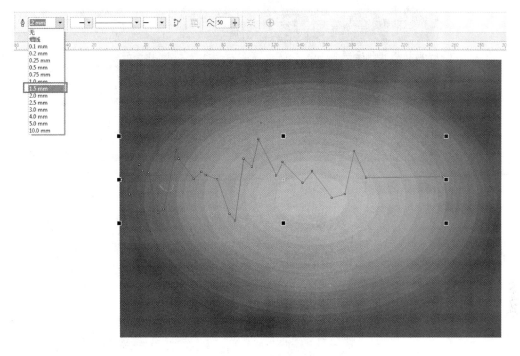

图 7-65 绘制折线

2）在工具栏中选择形状工具，通过点来调整心电图的形状，如图 7-66 所示。在右下角的 A 处，弹出"轮廓笔"对话框，单击 B 处，设置 CMYK 为 C:0、M:100、Y:100、K:0，如图 7-67 所示。

3）在工具栏中选择矩形工具□，绘制出香烟形状的矩形，如图 7-68 所示。

4）在工具栏中选择交互式填充工具，单击 B 处为"渐变填充"，再单击 C 处，如图 7-69 所示，此时会弹出"编辑填充"对话框，选择渐变类型为"线性渐变"，角度为 90°，单击 A 处，再单击 B 处，设置 CMYK 为 C:0、M:15、Y:15、K:0，再用同样的方法，设置另一个色标 CMYK 为 C:0、M:0、Y:0、K:0，如图 7-70 所示。

5）在右侧调色板中用右键单击"无"×，将轮廓去除，单击"确定"按钮，效果如图 7-71 所示。

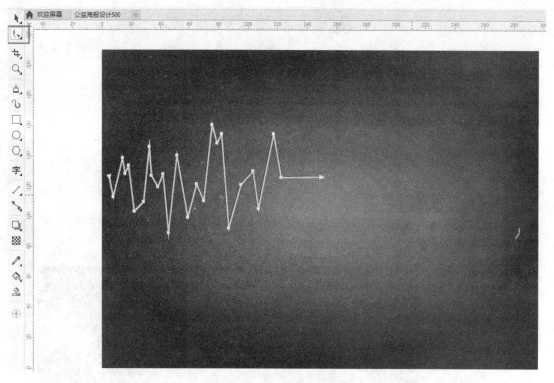

图 7-66　调整折线

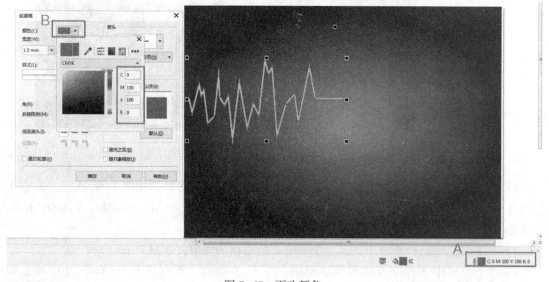

图 7-67　更改颜色

6）在工具栏中选择矩形工具□，绘制出烟头形状的另一个矩形，如图 7-72 所示，然后在工具栏中选择交互式填充工具◇，再单击 A 处，如图 7-73 所示，此时会弹出"编辑填充"对话框。将类型设置为"线性渐变"，角度为 90°，单击 A 处，再单击 B 处，设置 CMYK 为 C:50、M:65、Y:90、K:5，以同样的方法设置另一个色标为 C:5、M:15、Y:50、

222

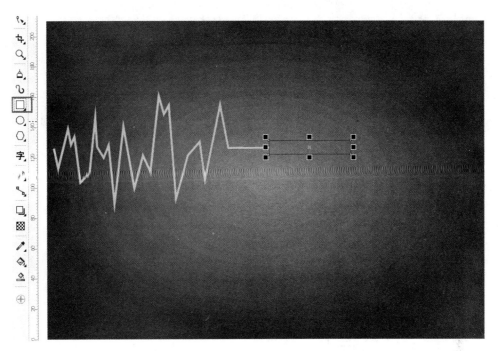

图 7-68　绘制矩形

图 7-69　交互式填充工具

K:0，如图 7-74 所示。

　　7）在右侧调色板中用右键单击"无"×，将轮廓去除，效果如图 7-75 所示。

　　8）在工具栏中选择折线工具△，绘制出烟头上浅色点的形状，如图 7-76 所示。

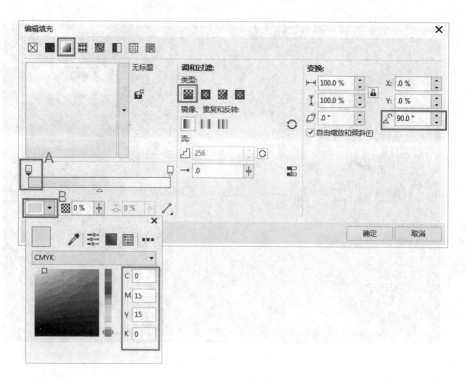

图 7-70　设置参数

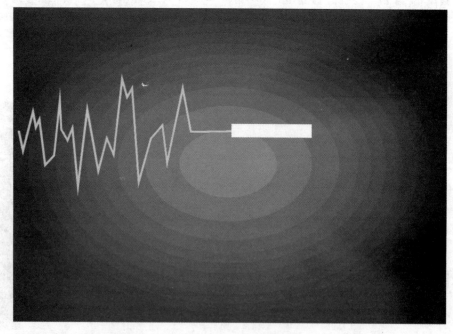

图 7-71　交互式填充效果

9）再绘制几个不同形状和大小的颗粒，选择工具栏中的交互式填充工具◇，单击 A 处，设置填充类型为"均匀填充"，单击 B 处，设置 CMYK 为 C：5、M：10、Y：25、K：0，如图 7-77 所示，效果如图 7-78 所示。

224

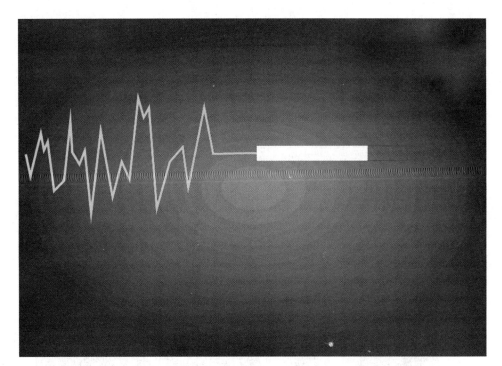

图 7-72　绘制矩形

图 7-73　交互式填充

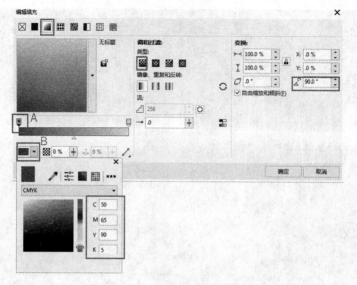

图 7-74　设置编辑渐变参数

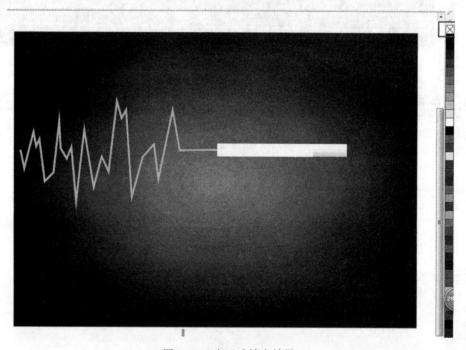

图 7-75　交互式填充效果

图 7-76　折线工具

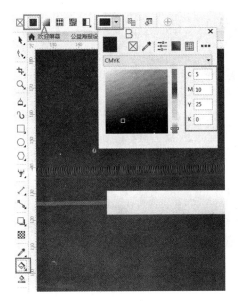

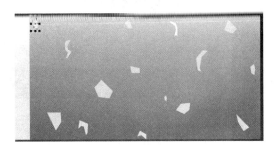

图 7-77　设置均匀填充参数　　　　　　　　　　图 7-78　烟头颗粒效果

10）选择工具栏中的选择工具 ▶，选择整支香烟，在菜单栏中执行"对象"/"组合"/"组合对象"命令，进行香烟组合，如图 7-79 所示，效果如图 7-80 所示。

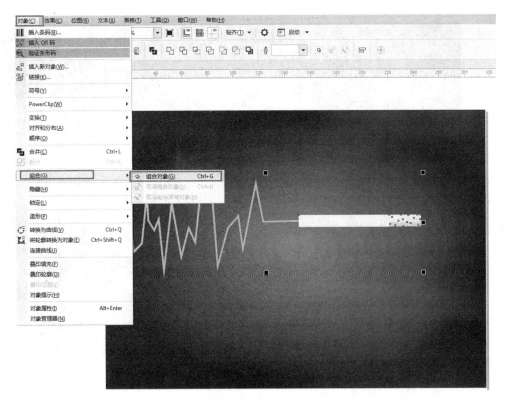

图 7-79　组合香烟

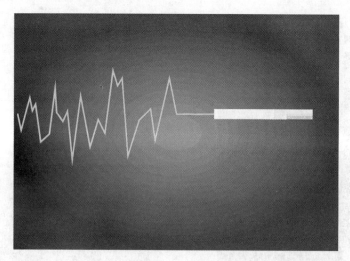

图 7-80　初步效果

7.4.5　文字制作

1）选择工具栏中的文本工具**字**，在绘图区单击，然后输入"吸烟有害健康"，如图 7-81 所示。

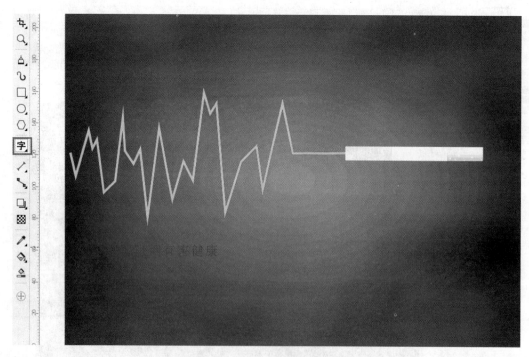

图 7-81　输入文字

2）按〈Ctrl+A〉组合键，全选文字，在属性栏中设置字体为"隶书"，文字大小为 48 pt，在最右侧调色板中选择"白色"，如图 7-82 所示。

228

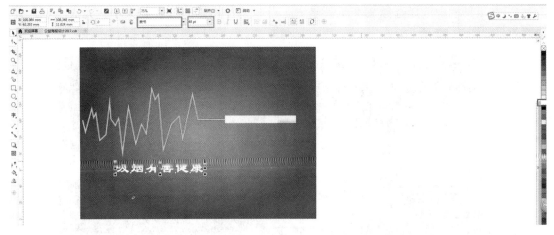

图 7-82　设置文字参数

3）在工具栏中选择文本工具**字**，在绘图区输入"Smoking is harmful to health"，如图 7-83 所示，按〈Ctrl+A〉组合键，全选文字，在属性栏中将字体设置为 Arial Black，字号设置为 24 pt，在最右侧调色板中选择"白色"，如图 7-84 所示。

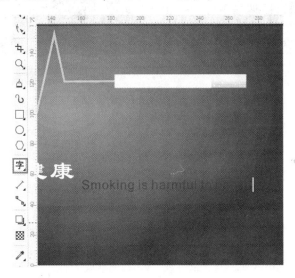

图 7-83　输入文字

图 7-84　设置文字参数

4）在工具栏中选择选择文本工具**字**，适当调整各物体的位置和大小，完成本例制作，最终效果如图7-85所示。

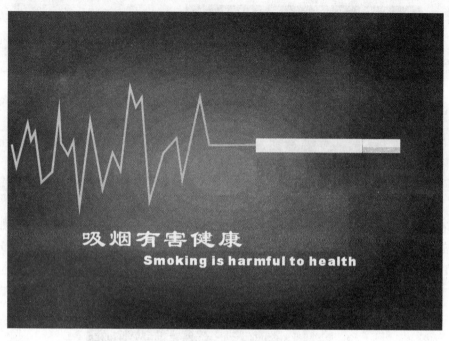

图7-85　最终效果

第 8 章　CorelDRAW 2017 宣传册设计

8.1　关于宣传册

8.1.1　折页宣传册

1) 折页宣传册可分为单折页宣传册和多折页宣传册。

2) 单页宣传册：常用成品尺寸为 285 mm×210 mm。

3) 二折页宣传册：常用成品尺寸为 95 mm×210 mm，展开尺寸为 190 mm×210 mm。

4) 三折页宣传册：常用成品尺寸为 95 mm×210 mm，展开尺寸为 285 mm×210 mm。

8.1.2　图书式宣传册

1) 图书式宣传册（宣传画册），最少页数为 8 页以上，有胶订等装订方式，一般用铜版纸制作。

2) 标准画册制作尺寸大小：画册内页制作尺寸为 291 mm×426 mm（含四边 3 mm 出血位），中间加参考线分为两个页码；画册内页制作尺寸为 291 mm×431 mm（含四边 3 mm 出血位，中间加 5 mm 书脊）。

3) 标准画册成品大小：画册成品大小为 285 mm×210 mm。

4) 画册排版：排版画册时须将文字等内容放置在切线内 5 mm，使得画册裁切后更美观。

5) 画册样式：横式画册（285 mm×210 mm），竖式画册（210 mm×285 mm），方型画册（210 mm×210 mm 或 280 mm×280 mm）。

8.2　实例 1：环保宣传折页设计

8.2.1　案例分析

1) 环保宣传册设计分析：环保宣传册以绿色为主色调，倡导绿色节能。该宣传折页以一只抽象的手和一滴水珠为图标，并以宣传图标作为底纹水印。

2) 环保宣传册软件运用分析：本实例主要练习图片导入、颜色填充、贝塞尔工具和文本工具的运用。最终效果如图 8-1 所示，制作过程如图 8-2 所示。

图 8-1　最终效果

图 8-2　制作过程

8.2.2　新建文档

1）打开 CorelDRAW 2017，单击"新建"按钮▣（组合键为〈Ctrl+N〉），建一个新文档，设置新建文档属性，名称为"环保宣传折页"，尺寸为 190 mm×210 mm，竖向摆放，原色模式设置为 CMYK，分辨率设置为 300 dpi，单击"确定"按钮完成新建，如图 8-3 所示。

2）绘制辅助线。在菜单栏中执行"视图"/"标尺"菜单命令，选中"标尺"命令将鼠标移到竖标尺上，用鼠标左键进行拖动，出现一条辅助线，在属性栏中更改对象坐标，将 X 轴更改为 95.0 mm，如图 8-4 所示。

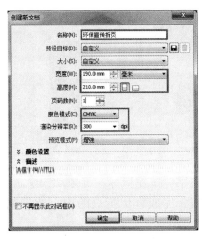

图 8-3　创建新文档

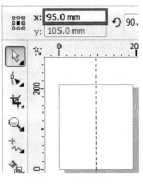

图 8-4　辅助线

8.2.3　宣传折页背景制作

1）在工具栏中选择矩形工具 ▯，在绘图区辅助线左边绘制出一个矩形，如图 8-5 所示。

2）在工具栏中选择均匀填充工具 ■，如图 8-6 所示。在"均匀填充"对话框中选择"模型"选项卡，模型样式为 CMYK，更改 CMYK 值为 C:70、M:0、Y:100、K:0，单击"确定"按钮完成颜色填充，如图 8-7 所示。

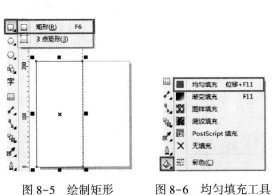

图 8-5　绘制矩形　　　图 8-6　均匀填充工具

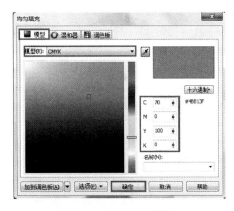

图 8-7　均匀填充颜色

3）在工具栏中选择矩形工具 ▯，在绘图区辅助线右边绘制出一个矩形，在调色板中选择 10%黑进行颜色填充。用鼠标左键单击 10%黑（CMYK 值为 C:0、M:0、Y:0、K:10），如图 8-8 所示。

4）在工具栏中选择选择工具 ▸，选中两个图层，将其移至绘图区右边，完成宣传折页的封面和封底背景制作，如图 8-9 所示。

5）在菜单栏中执行"文件"/"导入"菜单命令，选择"案例素材\CH08\8.3　实例 1：环保宣传折页设计 1. png"素材文件，如图 8-10 所示。

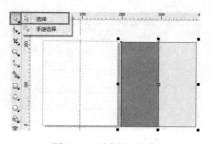

图 8-8　绘制矩形　　　　　　　　　　　图 8-9　选择和移动

6）此时鼠标光标将变成一个直角和一些文字，按住鼠标左键拖动，绘制出导入图片的范围，松开鼠标导入图片。调整图片大小及位置，完成宣传折页的内页背景制作，如图 8-11 所示。

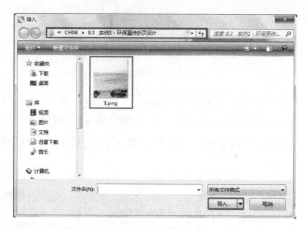

图 8-10　导入素材　　　　　　　　　　　图 8-11　导入效果

8.2.4　宣传图标制作

1）在工具栏中选择贝塞尔工具，在绘图区绘制出抽象的手和水滴的形状，并更改轮廓大小，如图 8-12 所示。

2）在工具栏中选择选择工具，将手进行颜色填充。选中手和水滴轮廓，在调色板中选择 30% 黑色（CMYK 值为 0，0，0，30），进行颜色填充。去除手和水滴的轮廓线，在调色板中用鼠标右键选择"无"×，进行轮廓线去除，如图 8-13 所示。

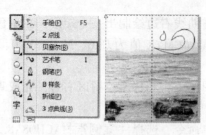

图 8-12　贝塞尔曲线绘制　　　　　　　　图 8-13　颜色填充

3）在工具栏中选择选择工具，选中手和水滴，用鼠标左键拖动，单击鼠标右键进行复制,如图 8-14 所示。

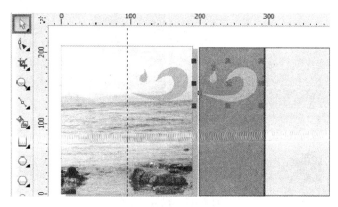

图 8-14　复制图形

4) 复制出多个图标,并调整位置及大小,如图 8-15 所示。

图 8-15　调整大小和位置

5) 在工具栏中选择选择工具 ,选中右下角部分小图标和右上角两个小图标(按住〈Shift〉键进行加选或者减选),在调色板中选择绿色(CMYK 值为 100,0,100,0),如图 8-16 所示。

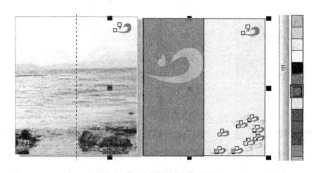

图 8-16　设置绿色图形

6) 在工具栏中选择选择工具 ,选中右下角未改颜色的小图标(按住〈Shift〉键进行加选或者减选），在调色板中选择橘红色（CMYK 值为 0，60，100，0），如图 8-17 所示。

图 8-17　设置橘红色

8.2.5　文字编排

1）在工具栏中选择文本工具 ，字体大小更改为 48 pt，字体为"方正康体简体"。在绘图区输入"珍惜每滴水"，并更改颜色为 30% 黑色，用鼠标左键单击调色板中的 30% 黑色（CMYK 值为 0，0，0，30），如图 8-18 所示。

2）在工具栏中选择选择工具 ，选中文字图层，按住鼠标左键拖动鼠标，单击鼠标右键进行复制，并调整位置及大小。更改文字颜色为绿色，在调色板中选择绿色（CMYK 值为 100，0，100，0），如图 8-19 所示。

图 8-18　设置字体字号

图 8-19　调整文字大小及颜色

3）在工具栏中选择文本工具 ，在绘图区输入"不要让溪流成为永恒的回忆　不要让眼泪成为最后一滴水"。在"文本属性"泊坞窗中将文本更改为垂直方向，将字体更改为"方正康体简体"，更改文字大小为 40 pt，更改颜色为绿色（CMYK 值为 100，0，100，0），在"段落"组中更改行距为 120%，如图 8-20 所示。

4）选择工具栏中的 （文本工具，快捷键为〈F8〉），按住鼠标左键，拖动出文本框，如

图 8-21 所示。

图 8-20　设置字符属性

图 8-21　绘制文本框

5）在文本框中输入保护水资源相关内容，在属性栏中单击"文本属性"图标后，在"文本属性"泊坞窗中更改字体大小为 12 pt，字体为宋体。文字颜色为绿色，在调色板中选择绿色（CMYK 值为 100，0，100，0），在"段落"组中更改行距为 150%，如图 8-22 所示。

图 8-22　设置文本属性

6）在工具栏中选择选择工具 ▸，调整各图层的位置及大小。由于简介文字较少，显得单薄，因此将简介文字的字体更改为"经典特简黑"，完成本例制作，如图 8-23 所示。

图 8-23　完成制作

8.3　实例 2：摄像机宣传册封面与封底设计

8.3.1　技术分析

本实例涉及如何运用交互式透明工具、渐变填充对话框工具及文本工具等来完成摄像机宣传册的设计，最终效果如图 8-24 和图 8-25 所示，制作过程如图 8-26 和图 8-27 所示。

图 8-24　宣传册封面与封底最终效果图

图 8-25　宣传册内页最终效果

图 8-26　封面与封底制作过程

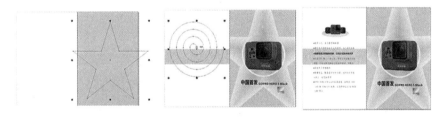

图 8-27　内页制作过程

8.3.2　摄像机宣传册封面设计和封底设计

1）打开 CorelDRAW 2017，执行"文件"/"新建"菜单命令。

新建一个页面（或单击"新建"按钮），设置纸张大小为 A3，纸张宽度为 420.0 mm，高度为 297.0 mm，纸张方向为"横向"，如图 8-28 所示。

2）选择工具栏中的矩形工具□，绘制一个与页面大小相等的矩形，如图 8-29 所示。

3）选择工具栏中的手绘工具↖₊ₘₘ，按住〈Shift〉键在矩形框上面画一条完全垂直的直线。执行"对象"/"对齐与分布"/"在页面居中"菜单命令（在页面居中快捷键为〈P〉），

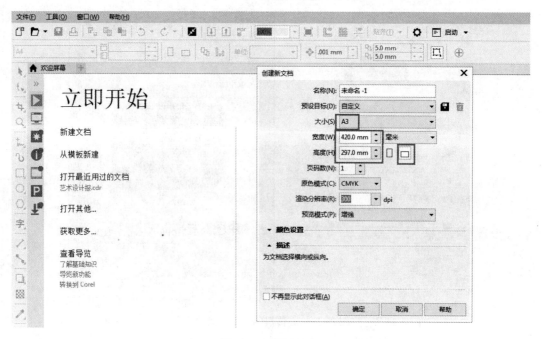

图 8-28 设置页面

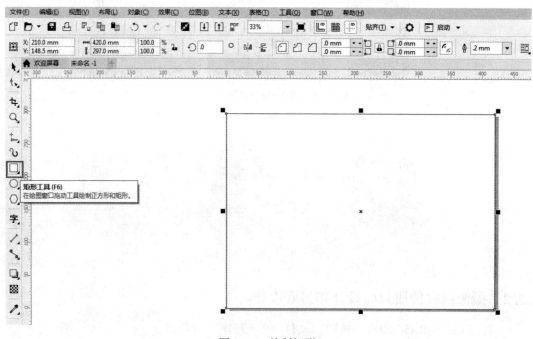

图 8-29 绘制矩形

如图 8-30 所示。

4）选择工具栏中的矩形工具□，拖动绘制一个只有页面一半大小的矩形，宽度为 210.0 mm，高度为 297.0 mm，如图 8-31 所示。

图 8-30　居中对齐

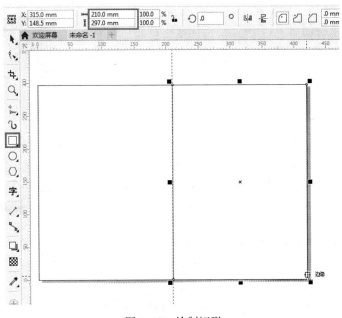

图 8-31　绘制矩形

5）选中矩形，选择工具栏中的交互式填充工具◇（单击执行菜单下方的渐变工具），弹出"编辑填充"对话框，选择填充类型为"线型"，角度设置为-90°，边界设置为0%，颜色调和选择为"自定义"。然后双击填充栏上添加要渐变的颜色（可查看预览渐变效果），如图8-32和图8-33所示。

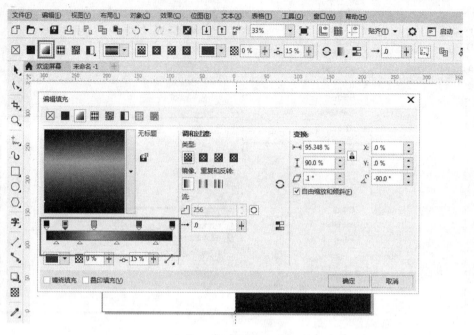

图 8-32 "渐变填充"

6）执行"文件"／"导入"菜单命令（组合键为〈Ctrl+I〉），导入"摄像机宣传册素材1"，然后调整素材图片的大小与位置，选中素材图片与填充了渐变颜色的矩形，执行"排列"／"对齐与分布"／"垂直居中对齐"菜单命令，使素材图片垂直居中于页面。

执行"对象"／"PowerClip（W）"／"置于图文框内部"菜单命令，把素材置于页面中，如图 8-34 所示。

7）选中素材图片，选择工具栏中的透明工具，设置透明度类型为"渐变"，透明度操作为"正常"，在素材图片上拖出透明度范围，如图 8-35 所示，然后单击"停止编辑内容"。

图 8-33 渐变效果

8）执行"文件"／"导入"菜单命令（组合键为〈Ctrl+I〉），导入"摄像机宣传册素材2"，选中素材图片，在其下方复制一个素材图片（小技巧：选中图片按住鼠标左键不放，松开左键时单击一下右键），选中复制层中的素材，单击属性栏上的"垂直镜像"图标，然后拖到原图层素材的正下方，并重复步骤7，在复制的素材图片中拖出透明度范围，如图 8-36 所示，形成倒影效果。

9）选择工具栏中的选择工具，选中素材图片2与复制的图片，按〈Ctrl+G〉组合键组合对象，调整其大小与位置，如图 8-37 所示。

10）执行"文件"／"导入"菜单命令（组合键为〈Ctrl+I〉），导入"摄像机宣传册素材3"和"摄像机宣传册素材4"文件，重复步骤8，利用同样的方法设置素材图片，结合〈Ctrl+PageUp〉和〈Ctrl+PageDown〉组合键调整位置或前后图层，如图 8-38 所示。

图 8-34　导入素材并置于图文框内

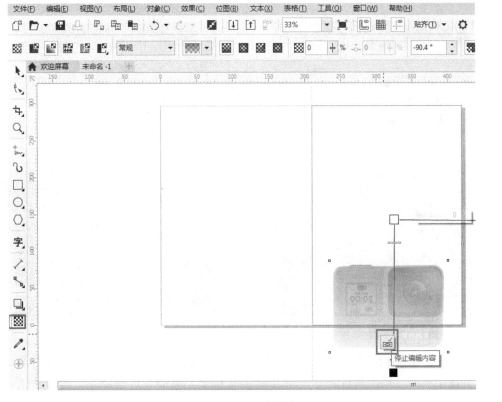

图 8-35　透明度渐变

图 8-36 垂直镜像与透明效果

图 8-37 调整大小与位置

图 8-38 导入素材图片

11）选择工具栏中的手绘工具，按住〈Shift〉键画一条水平直线，设置直线宽度为0.5 mm，选中直线，单击属性栏中的终止箭头选择器，拖动垂直滚动条，为直线选择终止箭头，如图 8-39 所示。

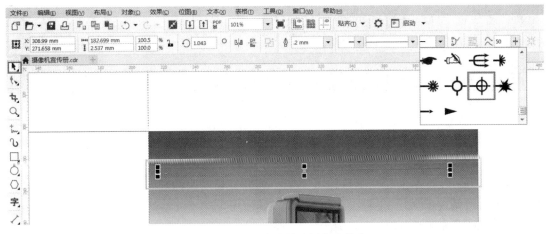

图 8-39 绘制直线并选择终止箭头

12）绘制产品标志。选择工具栏中的□矩形工具，在直线上方绘制一个矩形，如图 8-40 所示。在选中矩形的状态下，选择工具栏中的◇，找到渐变填充工具，弹出"渐变填充"对话框，设置填充类型为"线性"，单击"调和方向"图标，在预览框中预览调和的效果，然后设置渐变颜色，如图 8-41 所示。单击"确定"按钮后填充矩形渐变颜色，如图 8-42 所示。

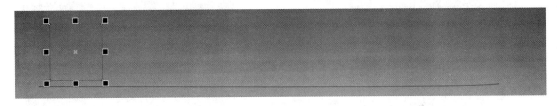

图 8-40 绘制矩形

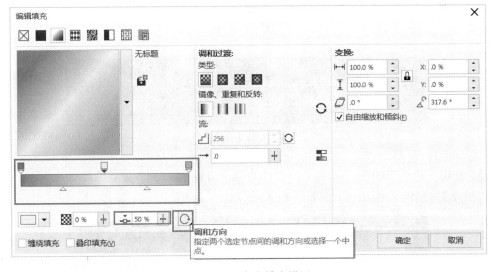

图 8-41 渐变填充设置

图 8-42　渐变填充效果

13）选择工具栏中的 字 （文本工具），在渐变颜色矩形内输入字母，设置文字字体为"微软雅黑（Bold，粗体）"，字号为 11 pt，如图 8-43 所示。

14）利用 字 （文本工具）继续输入文字，选择工具栏中的 ▶ （选择工具），选中文字，设置字体为"微软雅黑"，字号大小 24 pt，然后单击页面右侧 CMYK 调色板上的黄色，将文字填充为黄色，如图 8-44 所示。

图 8-43　输入字母，设置字体字号

图 8-44　输入文字，设置字体字号

15）利用工具栏中的 字 （文本工具）在直线下方输入文字"触屏摄像机"，设置文字字体为"黑体"，字体字号为 14 pt，如图 8-45 所示。

图 8-45　输入文字并设置

16）和上述步骤一样，输入文字后，设置字体为"微软雅黑"，字号为 20 pt，单击属性栏中的"垂直文本"图标，将文字设置成垂直方向。选中文字，单击页面右侧 CMYK 调色板上的白色，将文字填充为白色，如图 8-46 所示。

17）运用步骤 4 和步骤 5 的方法，绘制宣传册的封底，设置渐变填充类型为"线性"，角度设置为90°，然后设置渐变颜色，如图 8-47 所示。单击"确定"按钮填充渐变填充颜色。

18）在封底页面底部图 8-48 所示的位置，利用手绘工具 按住〈Shift〉键绘制一条与页面宽度相等的水平直线，然后在属性栏中设置直线属性，如图 8-48所示。

19）利用手绘工具 在封底页面的中间位置绘制3 条长短不一的水平直线，再设置直线属性，如图 8-49 所示。

20）选择工具栏中的 （选择工具），再选择产品标志，按〈+〉键复制标志。然后将其拖动到封底页面中，与页面上的直线垂直居中对齐，如图 8-50 所示。

图 8-46　输入文字并设置
方向和颜色

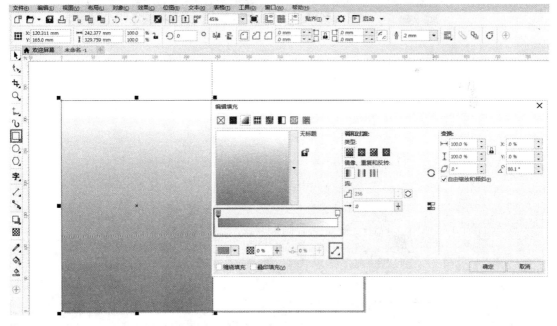

图 8-47　绘制宣传册封底并填充颜色

21）选择工具栏中的 （文本工具），输入文字，设置字体为"宋体"，字号大小为12 pt，再输入产品商家的官方网址，字号大小为 8 pt，如图 8-51 所示。

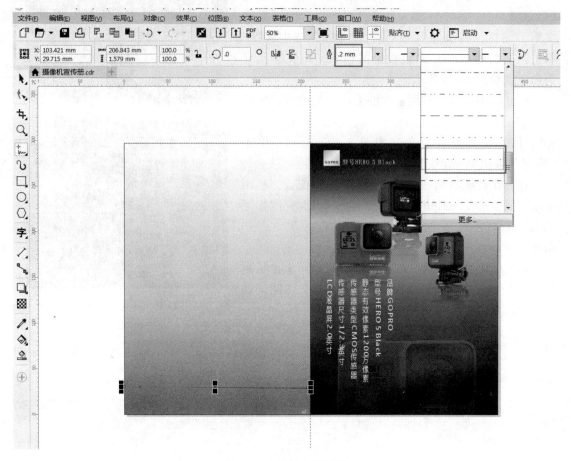

图 8-48　设置直线属性

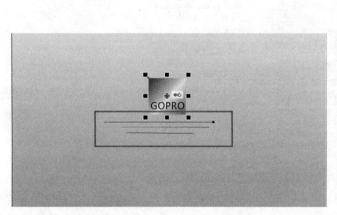

图 8-49　绘制三条水平直线

图 8-50　复制产品标志并调整位置

图 8-51 输入字体并设置

22）完成封面页面与封底页面的绘制，选择工具栏中的 ▶ （选择工具），框选页面上所有内容，按〈Ctrl+G〉组合键进行组合，再按〈Ctrl+S〉组合键将页面进行保存。封面与封底页面的最终效果如图 8-52 所示。

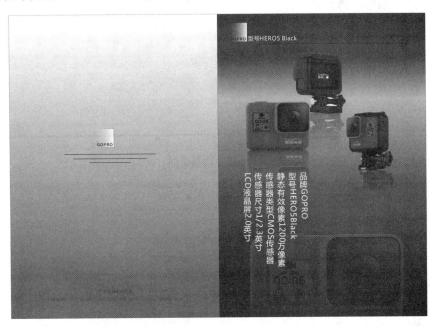

图 8-52　封面与封底页面最终效果

8.3.3　摄像机宣传册内页设计

1）运用"8.3.2 摄像机宣传册封面与封底设计"中步骤 1~3 的方法绘制页面，如图 8-53 所示。

2）选择工具栏中的矩形工具 □，在页面中绘制出一个页面一半大小的矩形，宽度为 210.0 mm，高度为 297.0 mm。选中矩形，单击页面右侧 CMYK 调色板上的 10%黑，给矩形填充颜色，如图 8-54 所示。

3）选择工具栏中的 ☆ （星形工具），在页面中绘制一个星形，在属性栏中设置星形的边数为 5。然后在选中星形的状态下，在属性栏中单击"转换为曲线"图标（组合键为〈Ctrl+Q〉），把星形转换为曲线，如图 8-55 所示。

图 8-53 绘制矩形

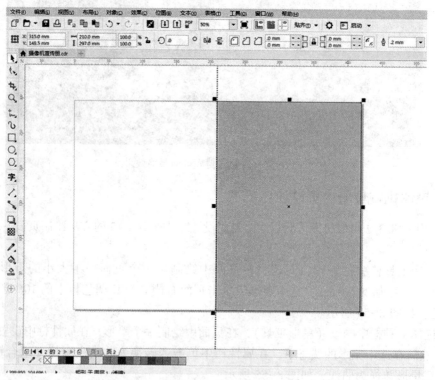

图 8-54 填充颜色

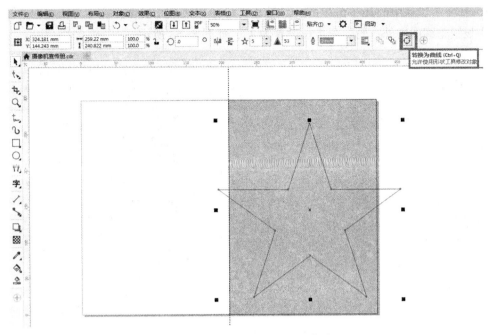

图 8-55 绘制星形并转换为曲线

4）在选中星形的状态下，选择工具栏中的（形状工具），适当地对星形进行调整，如图 8-56 所示。再利用工具栏中的（选择工具）对星形进行缩放调整。

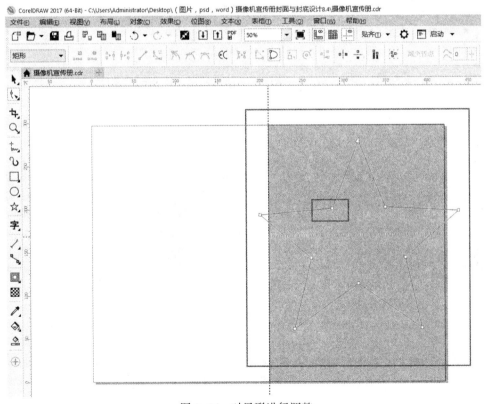

图 8-56 对星形进行调整

5）选择工具栏中的▣（交互式轮廓图工具），如图 8-57 所示，在星形上拖拽，并在属性栏中设置轮廓图向外，轮廓图步长设置为 33，如图 8-58 所示。

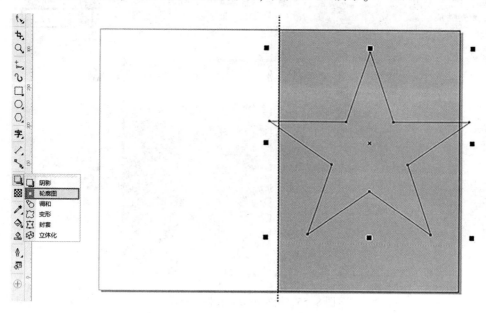

图 8-57　设置轮廓图

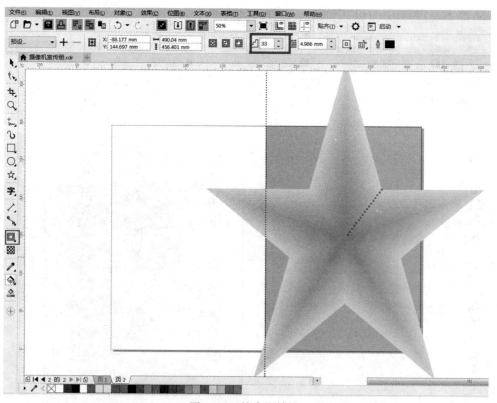

图 8-58　轮廓图效果

6）选中星形，执行"对象"/"PowerClip（W）"/"置入图文框内部"菜单命令，当光标变成黑色箭头时，再在矩形上单击，把星形放置于矩形中；再执行"对象"/"PowerClip（W）"/"结束编辑"菜单命令，如图8-59所示。

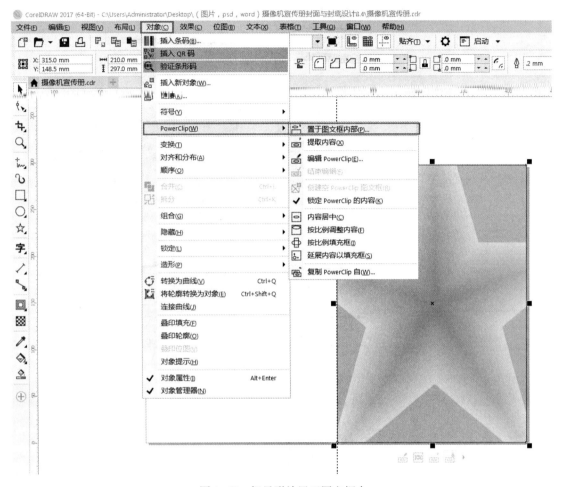

图8-59 把星形放置于图文框中

7）选择工具栏中基本形状 中的椭圆形工具，按住〈Ctrl〉键在页面中绘制出一个正圆形，选中正圆形，选择工具栏中的 （艺术笔工具），设置艺术笔工具类型为笔刷，宽度设置为10.0mm，找到图8-60所示的笔触，填充圆形为艺术笔样式。

8）选中圆形，填充为深黄色。执行"文件"/"导入"菜单命令（组合键为〈Ctrl+I〉），导入"摄像机宣传册素材5"文件，调整素材图片大小，执行"对象"/"PowerClip（W）"/"置于图文框内部"菜单命令，再单击艺术笔，把素材图片放置于图文框中，然后编辑素材图片，如图8-61所示。

9）选择工具栏中的 字 （文本工具），输入文字，设置文字字体为"微软雅黑"，字号分别设置为48 pt 和22 pt，填充为红色，如图8-62所示。

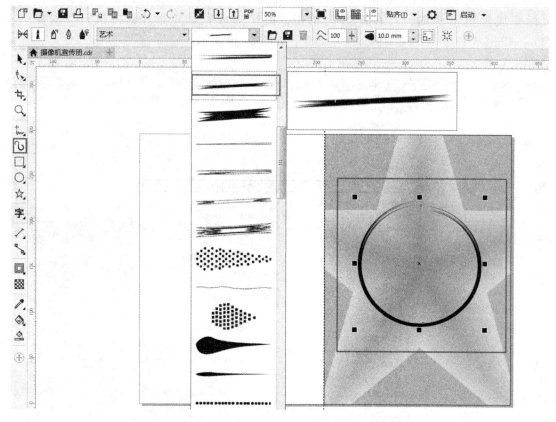

图 8-60　设置艺术笔

图 8-61　填充颜色，导入素材图片并放置于图文框中

图 8-62　输入文字并设置

10）把封面上的产品标志复制并粘贴到此页面上，调整标志的大小，把标志放置在页面右下角处；选择工具栏中的 字 （文本工具），在标志的下方输入文字，设置文字字体为"黑体"，字号大小为 20 pt，如图 8-63 所示。

11）选择工具栏中的□（矩形工具），在页面中绘制出一个宽度为 210.0 mm、高度为 34.0 mm 的矩形，如图 8-64 所示。选中矩形，单击页面右侧调色板上的 10%黑，填充矩形颜色；再用鼠标右键单击调色板上的"无"，去除矩形轮廓，如图 8-65 所示。

12）选择工具栏中的 ◎ （螺旋工具），在页面中绘制出螺旋图形，选中螺纹，如图 8-66 所示，单击页面右侧调色板上的白色色块。执行"对象"/"PowerClip（W）"/"置入图文框内部"菜单命令，把螺纹置于步骤 12 所绘制的矩形中，如图 8-67 所示。

图 8-63　复制产品标志并输入文字

13）执行"文件"/"导入"菜单命令（组合键为〈Ctrl+I〉），导入"摄像机宣传册设计 8.4 素材 6"文件，调整素材图片大小，把素材图片放置到图 8-68 所示位置。

14）选择工具栏中的基本形状工具 🔖 中的椭圆形工具，在导入的"摄像机宣传册素材 6"的位置绘制出一个椭圆形，把椭圆形填充为黑色，如图 8-69 所示。

15）选中椭圆形，选择工具栏中的透明工具 🔲，设置透明度类型为"射线"，然后在椭圆形上拖出透明度范围，如图 8-70 所示。

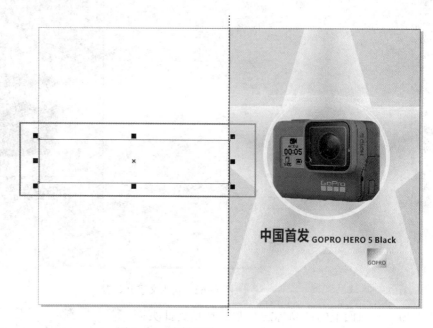

图 8-64　绘制矩形

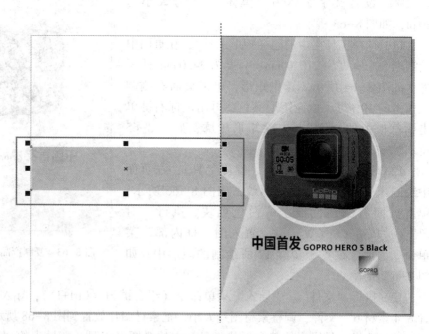

图 8-65　填充颜色并去除边框

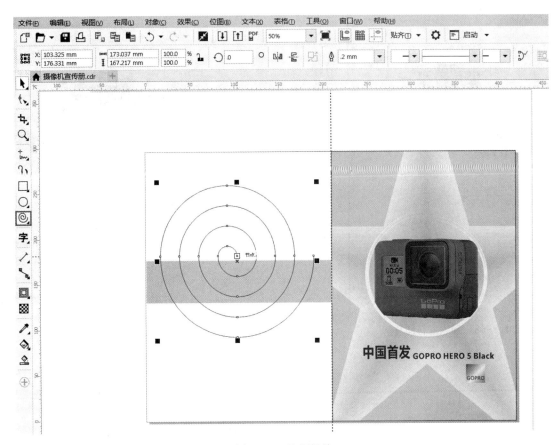

图 8-66　绘制螺旋

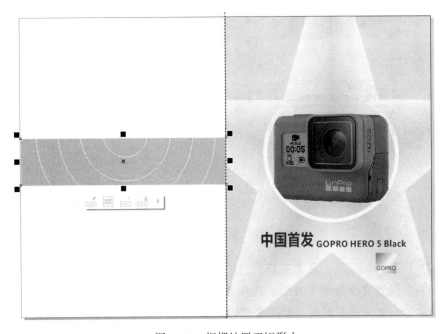

图 8-67　把螺纹置于矩形中

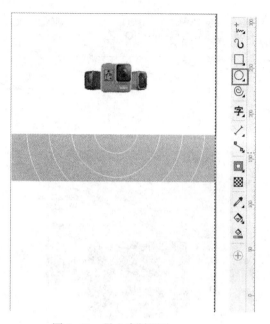

图 8-68　导入素材图片　　　　　　　　　　图 8-69　绘制椭圆形并填充颜色

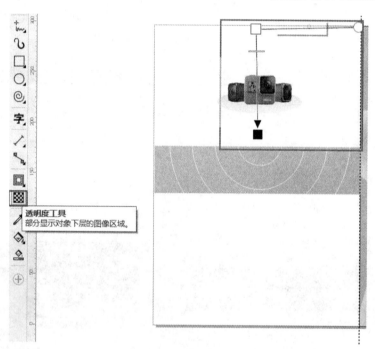

图 8-70　交互式透明效果

16）选择工具栏中的 字（文本工具），输入产品介绍文字，设置文字为"新宋体"，字号大小为 16 pt，设置文字为水平方向。选择所有文字，执行"排列"／"对齐分布"／"左对齐"菜单命令，把文字左对齐，如图 8-71 所示。

17）选择图 8-72 所示的文字，把此句文字字体改为"方正粗宋-GBK"，以达到突出产品新功能的目的，如图 8-72 所示。

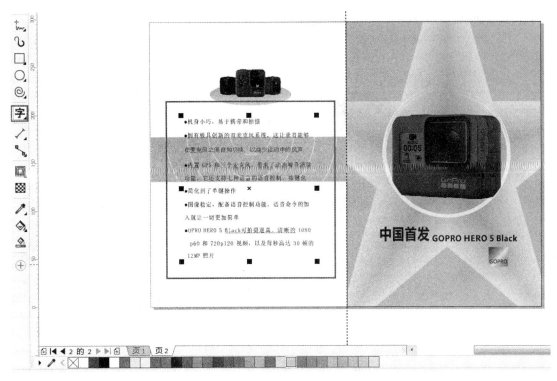

图 8-71　输入产品介绍文字并设置

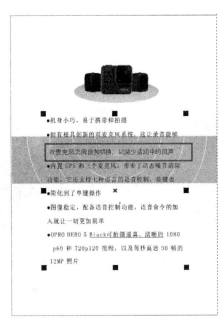

图 8-72　突出产品新功能

18）执行"文本"／"插入符号字符"菜单命令（组合键为〈Ctrl+F11〉），弹出"插入字符"泊坞窗，拖动泊坞窗的垂直滚动条，在泊坞窗中找到图 8-73 所示的黑色符号。用鼠标左键把符号拖到页面中，放置在功能介绍的文字前面，如此重复，在功能介绍的每一句文字前面添加该符号，如图 8-73 所示。

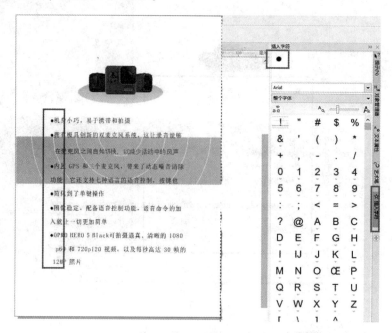

图 8-73 插入符号字符

19）完成摄像机宣传册内页的绘制。选择工具栏中的 ↖ （选择工具），框选页面所有内容，按〈Ctrl+G〉组合键进行组合；再按〈Ctrl+S〉组合键将页面保存。摄像机宣传册内页页面的最终效果如图 8-74 所示。

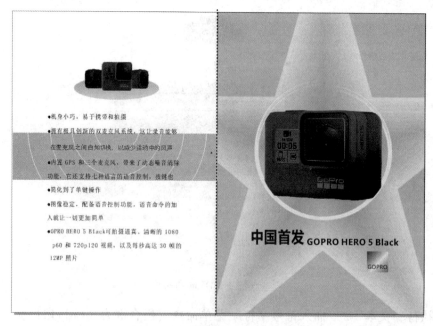

图 8-74 宣传册内页页面最终效果

第9章　CorelDRAW 2017 综合应用

9.1　实例1：户外公益广告设计

9.1.1　创意与技术分析

1）户外广告设计分析：在一般情况下，浏览一幅广告画面需要7秒，让人们尽快地看到信息是非常重要的。一个比较好的广告画面的字数一般为8~10个，信息必须简短，能够让驾驶时速为90至120千米的人们看到。本实例为"低碳生活"的户外公益广告，以自行车为主体，倡导低碳生活。

2）软件运用分析：本实例主要练习绘画工具、选择工具、文本工具和颜色填充工具的运用。最终效果如图9-1所示，制作过程如图9-2所示。

图9-1　最终效果

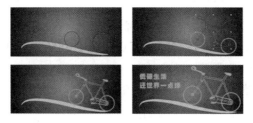

图9-2　制作过程

9.1.2　新建文档

1）打开 CorelDRAW 2017，单击"新建"按钮 (组合键为〈Ctrl+N〉)，创建一个新文档，如图9-3所示。

2）在弹出的"创建新文档"对话框中，设置名称为"低碳生活"，大小设置为宽300 mm，高130 mm。颜色模式设置为"CMYK"，渲染分辨率为300 dpi，单击"确定"按钮完成文档新建，如图9-4所示。

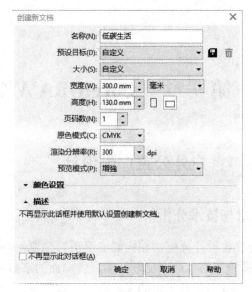

图 9-3　新建空白文档　　　　　　　　图 9-4　创建新文档

9.1.3　图案制作

1）在工具栏中选择矩形工具□，绘制出与绘图区一样大小的矩形，如图 9-5 所示。

2）在工具栏中选择渐变填充工具▨，如图 9-6 所示。

图 9-5　绘制矩形　　　　　　　　图 9-6　渐变填充工具

3）在"编辑"填充对话框中设置调和过渡类型为"椭圆形渐变填充"及"镜像"，从黑色到灰色（C:79，M:77，Y:74，K:53），节点透明度为 50%，单击"确定"按钮完成渐变填充，如图 9-7 所示。

4）在工具栏中选择艺术笔工具，然后在属性栏中设置艺术笔类型，如图 9-8 所示。

图 9-7　渐变填充　　　　　　　　图 9-8　艺术笔

262

5）使用设置好的艺术笔工具绘制路的形状，并在右侧的调色板中用左键单击橘红色（CMYK 值为 0，60，100，0）将其填充，如图 9-9 所示。

6）在工具栏中选择椭圆形工具○，结合〈Ctrl〉键绘制出两个正圆形作为车轮轮廓，如图 9-10 所示。

7）在工具栏中选择选择工具▶，结合〈Shift〉键进行加选，选中两个车轮轮廓，如图 9-11 所示。

图 9-9　绘制路　　　　　图 9-10　绘制正圆　　　　　图 9-11　选择车轮轮廓

8）接下来需要更改轮廓颜色，用鼠标右键单击右侧调色板中的绿色（CMYK 值为 100，0，100，0），双击右下角的轮廓笔工具🖊，在弹出的"轮廓笔"对话框中更改轮廓粗细为 2.0 mm，如图 9-12 所示。

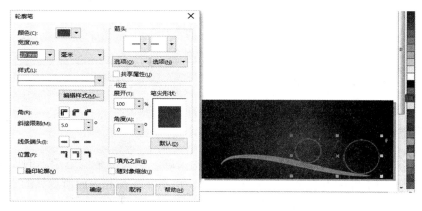

图 9-12　设置轮廓

9）在工具栏中选择 2 点线工具✐，绘制自行车轮廓，如图 9-13 所示。

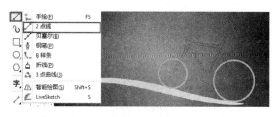

图 9-13　绘制直线

10）结合工具栏中的椭圆形工具，在绘图区绘制自行车的圆形零件形状，如图 9-14 所示。

11）在工具栏中选择选择工具，选中自行车轮廓。然后用鼠标右键单击调色板中的绿色（CMYK 值为 100，0，100，0），并在属性栏中更改轮廓粗细为 1.0 mm，如图 9-15 所示。

图 9-14　绘制圆形

图 9-15　更改轮廓

12）用鼠标左键单击调色板中的绿色，将车头、坐垫和脚踏板填充为绿色，如图 9-16 所示。

图 9-16　填充绿色

9.2　实例 2：杂志插画设计

9.2.1　创意与技术分析

1）插画设计分析：杂志插画往往是与文章相关的。本实例是励志杂志的插画，所制作的是一只兔子由萝卜叶的大小来确定萝卜的大小。但事实往往和表面所看见的不一样。

2）软件运用分析：本实例主要练习矩形工具、贝塞尔工具和颜色填充工具的运用。最终效果如图 9-17 所示，制作过程如图 9-18 所示。

图 9-17　最终效果

图 9-18　制作过程

9.2.2　新建文档

1）打开 CorelDRAW 2017，单击"新建"按钮▣（组合键为〈Ctrl+N〉），创建一个新文档，如图 9-19 所示。

2）设置新建文档属性，名称为"励志兔"，大小设置为宽 326 mm，高 326 mm。颜色模式设置为"CMYK"，渲染分辨率为 300 dpi，单击"确定"按钮完成文档新建，如图 9-20 所示。

图 9-19　新建空白文档

图 9-20　创建新文档

9.2.3　兔子及胡萝卜制作

1）在工具栏中选择矩形工具□，在绘图区绘制出一个矩形，如图 9-21 所示。

2）在工具栏中选择均匀填充工具■，在"编辑填充"对话框中选择调色板，选择颜色为深褐色（R:102，G:51，B:51），如图 9-22 所示。

3）在工具栏中选择贝塞尔工具✐，如图 9-23 所示。

4）在绘图区绘制出兔子的形状，如图 9-24a 所示；然后在属性栏中适当将轮廓粗细调粗，如图 9-24b 所示。

5）选择工具栏中的选择工具▶，选择兔子，然后在右侧的调色板中选择粉色（C:0，M:40，Y:20，K:0）进行颜色填充，如图 9-25 所示。

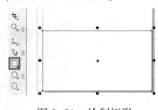

图 9-21　绘制矩形

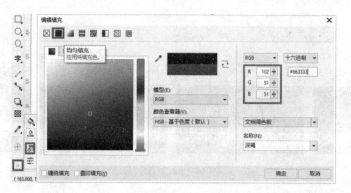

图 9-22　均匀填充

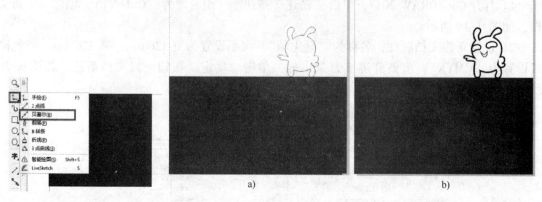

a)　　　　　　　　　　　　　　　　　　b)

图 9-23　贝塞尔工具　　　　　　　　　图 9-24　绘制形状

图 9-25　填充颜色

6）在工具栏中选择椭圆形工具 ◯，绘制出兔子的眼睛并填充深褐色，如图 9-26 所示。

图 9-26　绘制眼睛

7）在工具栏中选择贝塞尔工具 ✐，绘制出胡萝卜的外轮廓，如图 9-27 所示。

图 9-27　绘制胡萝卜

8）在工具栏中选择均匀填充工具 ■，将胡萝卜进行颜色填充，其中叶子填充为浅绿色，胡萝卜填充为橘红色，如图 9-28 所示。

图 9-28　填充颜色

9）在工具栏中选择手绘工具，对胡萝卜进行刻画，如图 9-29 所示。

图 9-29　刻画细节

9.2.4　背景制作

1）在工具栏中选择矩形工具□，在绘图区绘制出一个矩形，如图 9-30 所示。

2）在工具栏中选择均匀填充工具■，在弹出的"编辑填充"对话框中选择"CMYK"模型，更改 CMYK 值为 40、18、0、0。单击"确定"按钮完成颜色填充，如图 9-31 所示。

图 9-30 绘制矩形

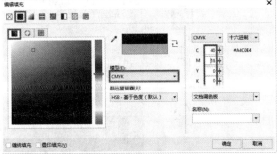

图 9-31 均匀填充

3）在工具栏中选择选择工具 ，鼠标右键单击天空图层，在弹出的快捷菜单中选择"顺序"／"到图层后面"命令，如图 9-32 所示。

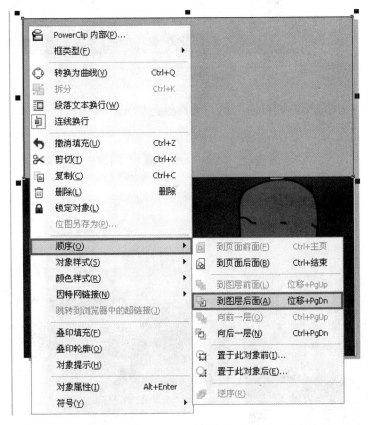

图 9-32 到图层后面

4）在工具栏中选择贝塞尔工具 ，绘制出云朵的现状，如图 9-33 所示。

5）在工具栏中选择选择工具 ，按住〈Shift〉键，单击鼠标左键，选中所有云朵轮廓，如图9-34 所示。

图9-33　绘制云朵

6）在调色板中用鼠标左键单击白色，进行颜色填充，再用鼠标右键单击"无" ⊠，将轮廓去除，如图9-35 所示。

图9-34　选择云朵

图9-35　填充白色

7）根据设计要求，适当将图层进行调整，完成本例制作，如图9-36所示。

图 9-36　效果图

9.3　实例 3：网络广告制作

9.3.1　创意与技术分析

1）广告设计分析：以蜘蛛网为题材，将"创"字图标置于蜘蛛网中间，寓意是将设计创意一网打尽。加上图标与文字，让人一目了然。该网络广告是一个关于设计网站的广告。红色比较能够吸引注意力，所以用红色作为背景颜色。

2）软件运用分析：本实例主要练习绘画工具、选择工具、文本工具和颜色填充工具的运用。最终效果如图9-37所示，制作过程如图9-38所示。

图 9-37　最终效果

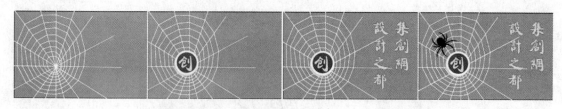

图9-38　制作过程

9.3.2　新建文档

1）打开CorelDRAW 2017，单击"新建"按钮（组合键为〈Ctrl+N〉），创建一个新文档，如图9-39所示。

2）在弹出的"创建新文档"对话框中设置名称为"网络广告"，大小设置为宽760 px，高480 px。横向摆放，颜色模式设置为"RGB"，单击"确定"按钮完成文档新建，如图9-40所示。

图9-39　新建空白文档

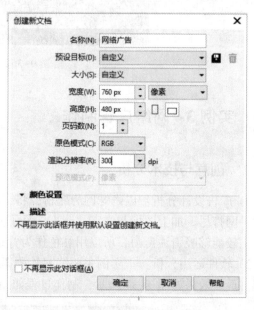

图9-40　创建新文档

9.3.3　图案制作

1）在工具栏中选择矩形工具□，双击矩形工具绘制出与绘图区一样大小的矩形，如图9-41所示。

2）在工具栏中选择渐变填充工具◢，在"编辑填充"对话框中设置调和过渡类型为"椭圆形渐变填充"，镜像重复反转类型为"默认渐变填充"，中心位移为X：水平-20%，Y：垂直-5%，颜色调和为从红色（R：245，G：8，B：8）到霓虹粉（R：250，G：9，B：125），然后单击"确定"按钮完成渐变填充，如

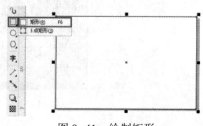

图9-41　绘制矩形

272

图 9-42 所示。

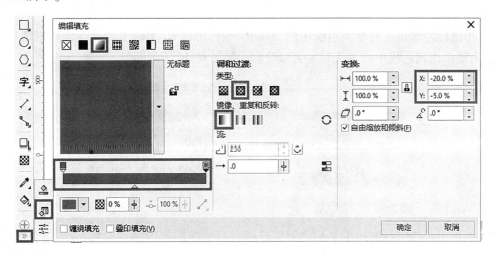

图 9-42　渐变工具与填充

3）在工具栏中选择 2 点线工具 ✐，绘制蜘蛛网，如图 9-43 所示。

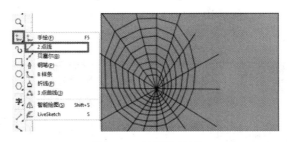

图 9-43　绘制蜘蛛网

4）在工具栏中选择选择工具 ▸，选中蜘蛛网（按住〈Shift〉键进行加选）。双击右下角的轮廓笔工具 ✎，弹出"轮廓笔"对话框，更改颜色为白色，轮廓大小为 4 px，如图 9-44 所示。

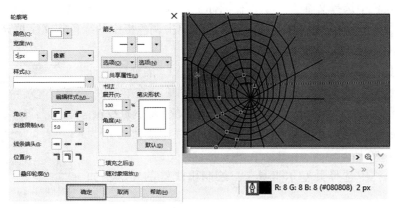

图 9-44　轮廓笔

5）在工具栏中选择椭圆形工具 ○，按住〈Ctrl〉键，绘制出一个圆形作为图标轮廓，如图 9-45 所示。

6）用鼠标左键单击右侧调色板中的 20% 黑（R:204，G:204，B:204）将圆形填充，然后鼠标右键单击调色板中的"无" ⊠ 去除轮廓，如图 9-46 所示。

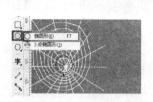

图 9-45　绘制圆形

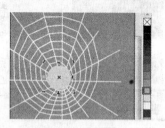

图 9-46　填充圆形

7）使用工具栏中的选择工具 ▶ 将圆形选择，然后按一次数字键盘区的〈+〉号键将其复制，将复制出来的圆形改变位置，接着用鼠标左键在右侧调色板中单击白色将其填充（R:255，G:255，B:255），如图 9-47 所示。

8）使用工具栏中的选择工具选中白色图形，然后按下数字键盘区的〈+〉号键将其复制；把复制出来的圆形缩小，然后用鼠标左键在右侧的调色板中单击蓝色（R:0，G:0，B:255）将其填充，如图 9-48 所示。

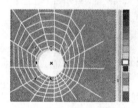

图 9-47　重制圆形

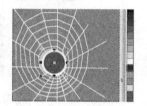

图 9-48　填充蓝色

9.3.4　文字编辑

1）在工具栏中选择文本工具 字，在图标上输入"创"字，在属性栏中设置字体为"方正康体简体"，设置文字大小为 24 pt，鼠标左键单击调色板中的绿色将文字填充为绿色（R:0，G:255，B:0），如图 9-49 所示。

2）在工具栏中选择文本工具，在绘图区输入"集创网设计之都"。在属性栏中将文本设置为垂直方向，然后单击文本属性，在字符框里更改字体为"方正康体繁体"，设置文字大小为 22 pt，设置颜色为绿色（R:0，G:255，B:0），在段落框中更改行距为110%，如图 9-50 所示。

3）在工具栏中选择贝塞尔工具 ﹨，绘制出蜘蛛的轮廓，如图 9-51 所示。

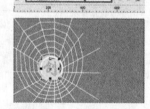

图 9-49　设置文字

4）用鼠标左键单击调色板中的黑（R:0，G:0，B:0），将绘制出来的蜘蛛轮廓进行颜色填充，如图 9-52 所示。

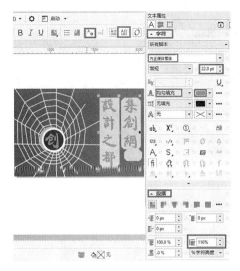

图 9-50　设置文字　　　　　　　　　　　图 9-51　绘制蜘蛛轮廓

5）使用工具栏中的选择工具▶，对作品进行适当的位置及大小调整，完成本例制作，如图 9-53 所示。

图 9-52　填充颜色　　　　　　　　　　　图 9-53　完成图

9.4　实例 4：视觉识别应用设计

9.4.1　案例分析

1）视觉识别设计（Visual Identity，VI）指的是将非可视内容转化为静态的视觉识别符号。视觉识别设计是传播企业经营理念、提升企业知名度、塑造企业形象的重要方法。优秀的 VI 设计，在提高内部员工的认同感及归属感，增强企业凝聚力方面能够起到关键作用；对外则可以树立良好的企业整体形象，对资源整合和控制运营成本也有影响。本案例为集创设计工作室视觉识别应用设计中的"手提袋设计"，视觉识别设计中最基本的为标志与字体标准设计，本书第 2 章已经详细讲解了标志制作过程，本例中不再重复。手提袋效果图如图 9-54 所示。

2）技术分析：本例首先进行版面设计，然后绘制出手提袋的造型，接着使用贝赛尔工具绘制出辅助图形，并对标志、文字及辅助图形进行组合设计，制作过程如图 9-55 所示。

图 9-54　效果图

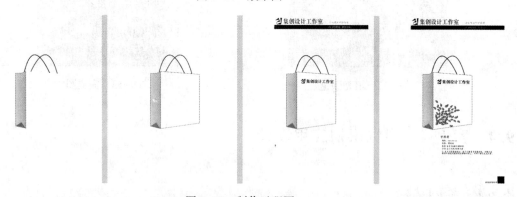

图 9-55　制作过程图

9.4.2　版式制作

1）运行 CorelDRAW 2017，按〈Ctrl+N〉组合键打开"创建新文档"对话框，设置名称为"视觉识别应用设计"，大小为 A4，竖式构图，渲染分辨率为 300 dpi，然后单击"确定"按钮，如图 9-56 所示。

2）选择工具栏中的矩形工具□，在绘图区中绘制出一个矩形，如图 9-57 所示。

3）按〈任意方向键+F11〉组合键，打开"编辑填充"对话框，设置填充颜色为 C:88，M:62，Y:31，K:2，然后单击"确定"按钮，完成均匀填充，如图 9-58 所示。

4）选择工具栏中的文本工具 字，输入"企业视觉识别系统"，在属性栏中设置字体为"宋体"，字号为 10 pt，然后按〈任意方向键+F11〉组合键弹出"编辑填充"对话框，设置颜色为 C:2，M:44，Y:82，K:0，最后单击"确定"按钮，完成文本设置，如图 9-59 所示。

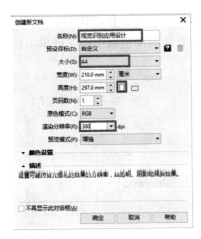

图 9-56 创建新文档

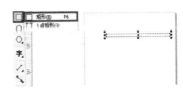

图 9-57 绘制矩形

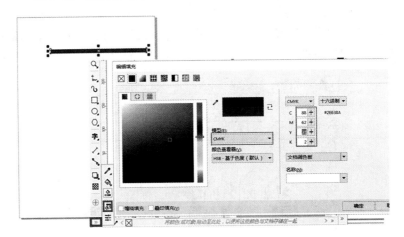

图 9-58 均匀填充

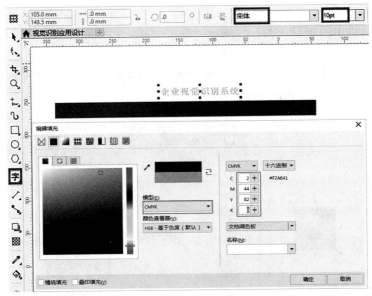

图 9-59 输入文字

5）选择工具栏中的文本工具 字，在蓝色矩形上面输入"JI CHUANG DESIGN"并在属性栏中设置字体为"黑体"，字号为 10 pt，然后在右侧的调色板中用左键单击白色，设置文本颜色，如图 9-60 所示。

图 9-60　输入文字

6）执行"文件"／"导入"菜单命令（组合键为〈Ctrl+I〉），导入"案例素材\CH09\9.4 视觉识别应用设计-标志.cdr"素材文件，使用选择工具调整其大小与位置，如图 9-61 所示。

图 9-61　导入素材

7）选择工具栏中的矩形工具 □，结合〈Ctrl〉键在绘图区中绘制出图 9-62 所示的矩形。参考步骤 3 将其填充颜色为 C:88，M:62，Y:31，K:2。

8）选择工具栏中的文本工具 字，输入"视觉识别应用"，并在属性栏中设置字体为"宋体"，字号为 8 pt，如图 9-63 所示。

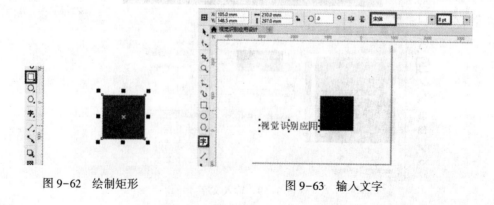

图 9-62　绘制矩形　　　　　　　　　图 9-63　输入文字

9.4.3　手提袋造型绘制

1）选择工具栏中的矩形工具□，在绘图区中绘制出图9-64所示的矩形。

2）在矩形上面单击鼠标右键，在弹出的快捷菜单中选择"转换为曲线"命令（组合键为〈Ctrl+Q〉），如图9-65所示。

3）选择工具栏中的形状工具⌇，在矩形边框中双击，为已经转换为曲线的矩形添加节点，如图9-66中的①处所示，参考图中①~③连续步骤，将形状调整为如图9-66中的③处所示。

图9-64　绘制矩形

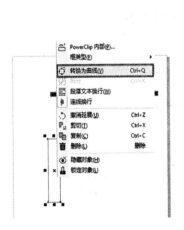

图9-65　转为曲线

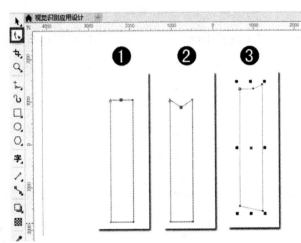

图9-66　调整节点

4）选择渐变填充工具▄，设置类型为"线性"，设置从浅灰到中灰的双色过渡，然后单击"确定"按钮完成渐变填充，如图9-67所示。

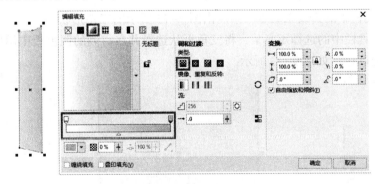

图9-67　渐变填充

5）按〈F12〉组合键打开"轮廓笔"对话框，设置颜色为深灰色，宽度为0.2 mm，然后单击"确定"按钮完成轮廓设置，如图9-68所示。

6）选择工具栏中的矩形工具□，在绘图区中绘制出一个图9-69所示的矩形。

7）在矩形上单击鼠标右键，然后在弹出的快捷菜单中选择"转换为曲线"命令（组合键为〈Ctrl+Q〉），如图9-70所示。

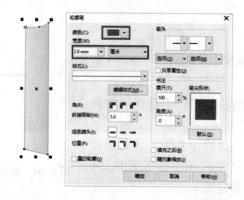

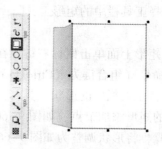

图 9-68　轮廓笔 　　　　　　　　　　　　　　图 9-69　绘制矩形

8）选择工具栏中的形状工具 ，将矩形调整至图 9-71 所示大小。

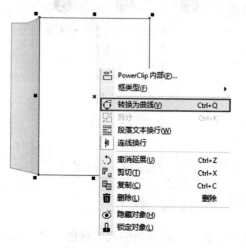

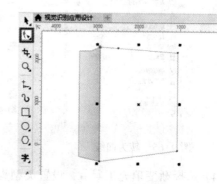

图 9-70　转换为曲线 　　　　　　　　　　　　图 9-71　调整矩形

9）选择工具栏中的折线工具 ，绘制出图 9-72 所示的三角形状。

10）使用工具栏中的选择工具 ，将三角形状选择并在右侧的调色板中用鼠标左键单击灰色，将其填充颜色，如图 9-73 所示。

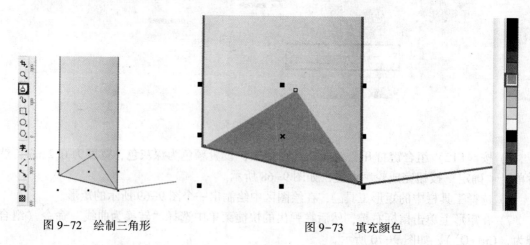

图 9-72　绘制三角形 　　　　　　　　　　　　图 9-73　填充颜色

11）选择工具栏中的3点曲线工具 ，绘制手提袋的提手，如图9-74所示。3点曲线的用法：先在曲线开始处单击一次，如图9-75中①处所示，然后在曲线末端处单击，如图9-75中②处所示，最后一点为控制曲线的弧度，如图9-75中③处所示。

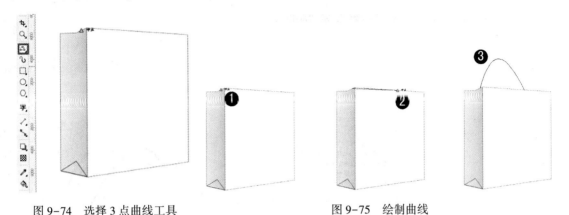

图9-74　选择3点曲线工具　　　　　　　　　　　　　图9-75　绘制曲线

12）在属性栏中将曲线的厚度设置为1 px，然后在右侧的调色板中用鼠标左键单击灰色设置轮廓颜色，如图9-76所示；继续使用3点曲线工具绘制另一条提手线，如图9-77所示。

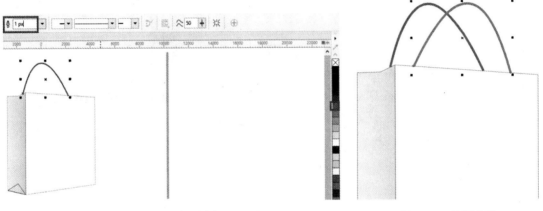

图9-76　设置厚度　　　　　　　　　　　　　　　图9-77　绘制曲线

9.4.4　装饰图案绘制

1）执行"文件"/"导入"菜单命令（组合键为〈Ctrl+I〉），导入"案例素材\CH09\9.4视觉识别应用设计-标志"素材文件，如图9-78所示；适当调整大小与位置，导入效果如图9-79所示。

2）选择工具栏中的贝塞尔工具 ，绘制出图9-80所示的叶子形状。

3）按〈任意方向键+F11〉组合键，打开"编辑填充"对话框，设置填充颜色为"春绿"，然后单击"确定"按钮完成填充，如图9-81所示。

4）选择工具栏中的贝塞尔工具 ，绘制出图9-82所示的叶脉形状。

5）按〈任意方向键+F11〉组合键，打开"编辑填充"对话框，设置填充颜色为"淡黄"，然后单击"确定"按钮完成填充，如图9-83所示。

图 9-78 导入标志

图 9-79 调整位置大小

图 9-80 绘制曲线

图 9-81 均匀填充

图9-82　绘制叶脉

图9-83　均匀填充

6）使用工具栏中的选择工具 ，将树叶及叶脉选中，然后单击鼠标右键，在弹出的快捷菜单中选择"组合对象"命令（组合键为〈Ctrl+G〉）将其组合，如图9-84所示。

7）使用工具栏中的选择工具，将叶子形状进行缩小、旋转并移动到手提袋的左下角，如图9-85所示。

8）选择树叶，按〈Ctrl+C〉组合键将其复制，然后按〈Ctrl+V〉组合键将其粘贴并用选择工具将其移动和旋转，参考图9-86，复制出多个树叶形状并调整位置。

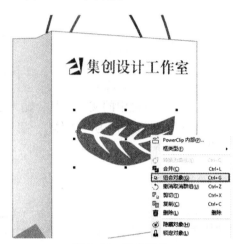

图9-84　组合对象

图9-85　调整位置

图9-86　复制

9.4.5　设计说明

1）选择工具栏中的文本工具 字，输入"手提袋"文字并在属性栏中设置字体为"宋体"，字号为12 pt，如图9-87所示。

图9-87　输入文本

2）选择工具栏中的文本工具，输入手提袋的设计规格、材质、色彩、字体等要求，然后在属性栏中设置字体为"宋体"，字号为8pt，如图9-88所示，完成本实例制作，最终效果如图9-89所示。

图9-88　输入文字　　　　　　　　　　图9-89　最终效果